今すぐ使える かんたん ネットワークの しくみ 超入門

技術評論社

本書の使い方

- 画面の手順解説だけを読めば、操作できるようになる！
- ページごとに解説図を使っているので、内容をイメージしやすい！
- さらに詳しい情報は、側注で補足説明！

特長1 テーマごとにまとまっているので、「知りたいこと」がすぐに見つかる！

●カラー図解 ネットワークの基礎知識をカラーの図解でわかりやすく説明！

HOW TO USE

特長 2
やわらかい上質な紙を使っているので、**開いたら閉じにくい！**

● 補足説明
詳しい情報を「側注」に掲載しているので、理解がさらに深まる！

 補足説明
 応用的な補足説明
 用語の解説

② WANで本社と支社をつなぐ

WANを使うことにより、離れた地点にあるLANどうしをつなぐことができます。たとえば、東京にある本社と大阪にある支社を1対1でつなぐことで、距離的な制限がなくなり、大阪のコンピューターから直接東京のコンピューターへデータを送ることなどができるようになります。

さらに、複数の支店がある場合などでは、電気通信事業者のネットワーク網を借りることで、マルチアクセスネットワークを作ることができ、会社全体でのデータのやりとりが可能になります。

このように、離れた地点にあるLANどうしをつなぐことでWANが形成されますが、これを世界規模に広げ、企業、学校、家庭などの区別なしに大きなWANを構成したものがインターネットです。

Keyword 専用線
電気通信事業者の回線で、拠点と拠点を直接つなぎ、占有できる契約を専用線と呼びます。占有できるため高額になりますが、回線速度やセキュリティ面で優れています。

Section 08 WAN（ワイドエリアネットワーク）とは

第1章 ネットワークを学ぼう

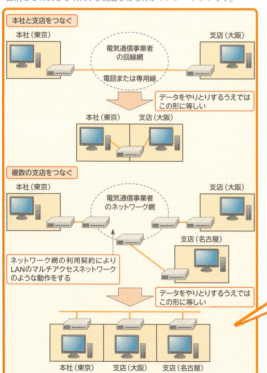

主にルーター間でデータを送受信するために使われているプロトコルがPPP（Point-to-Point Protocol）です。名前の通りポイントツーポイントネットワークで使用されます。詳細は、第4章のSection 03で説明しています。

特長 3
大きな解説図で説明しているので、よくわかる！

第1章 ネットワークを学ぼう

Section 01	ネットワークとはそもそも何？	14
	ネットワークとは	14
	コンピューターネットワークとは	15

Section 02	コンピューターネットワークを利用する長所を知ろう	16
	コンピューターはリソースを持つ	16
	コンピューターネットワークではリソースを共有できる	17

Section 03	データとは？	18
	コンピューターの情報はビットで成り立つ	18
	データはビットの集合体のこと	19

Section 04	データ通信とは？	20
	データ通信に必要な装置・機器とは	20
	通信装置によってデータを伝送する	21

Section 05	回線交換方式とは？	22
	機器を1対1でつなぐ場合の問題点	22
	回線交換方式のしくみ	23

Section 06	パケット交換方式とは？	24
	回線交換方式の問題点	24
	パケット交換方式なら回線を占有することなく伝送できる	25

Section 07	LAN（ローカルエリアネットワーク）とは？	26
	LANは組織の敷地内に構築される	26
	LANではマルチアクセスネットワークが一般的	27

Section 08	WAN（ワイドエリアネットワーク）とは？	28
	WANは都市、地域、国などをまたいで構築される	28
	WANで本社と支社をつなぐ	29

Section 09	インターネットとイントラネットの違いを知ろう	30
	インターネットは世界中のLANやWANをつなげたもの	30
	イントラネットはインターネット技術を使用したLAN	31

Column	無線LANのよいところ、悪いところ	32

第2章 データはネットワークをどう流れる？

Section 01 Webブラウザーから Web サーバーへと向かうデータを追跡しよう ········ **34**
　ホームページを見るために必要なソフトウェア ··· 34
　パソコンから Web サーバーまでの道のり ·· 35

Section 02 Web ブラウザーから OS までの流れ ························· **36**
　Web ブラウザーで「ページの要求データ」を生成する ···································· 36
　OSで「あて先情報」を付加する ·· 37

Section 03 OSから LAN 回線までの流れ ······························· **38**
　ブロードバンドルーターの MAC アドレスを調べる ·· 38
　データをブロードバンドルーターに送信する ··· 39

Section 04 LAN 回線からインターネットまでの流れ ······················ **40**
　データをプロバイダーへ送信する ··· 40
　プロバイダーから最終的なあて先までルーティングされる ································ 41

Section 05 インターネットからサーバー側の LAN 回線までの流れ ········· **42**
　データがあて先組織のファイアウォールへ届く ··· 42
　ファイアウォールでデータがチェックされる ··· 43

Section 06 LAN 回線から Web サーバーまでの流れ ······················ **44**
　ファイアウォールから Web サーバーへ送信する ·· 44
　Web サーバーアプリケーションが「ページのデータ」を返信する ···················· 45

Column インターネットの正体 ·· **46**

第3章 ネットワークモデルを知ろう

Section 01 ネットワークモデルとは? ···································· **48**
　かつてのネットワークはベンダーごとに独自規格 ·· 48
　ネットワークモデルでネットワークの規格・仕様を統一 ·································· 49

Section 02 OSI 参照モデルを知ろう ····································· **50**
　ISOとOSI 参照モデル ··· 50
　OSI 参照モデルにおけるデータ処理の流れ ··· 51

Section 03 プロトコルとは? ·· **52**
　プロトコルは通信の機能を果たすためのルール ·· 52
　複数のプロトコルをまとめたものがプロトコルスイート ·································· 53

| Section 04 | カプセル化とは? | 54 |

通信に必要な情報を付加するカプセル化 ... 54
カプセル化とデカプセル化 ... 55

| Section 05 | 物理層の役割を知ろう | 56 |

電気的・機械的な通信の機能を担う ... 56
回線に発信された信号を伝達させる ... 57

| Section 06 | データリンク層の役割を知ろう | 58 |

データリンク層で扱う範囲とは ... 58
信号を届けるために必要な処理を行う ... 59

| Section 07 | ネットワーク層の役割を知ろう | 60 |

ネットワーク層で扱う範囲とは ... 60
ルーティングによってネットワーク間の通信経路を決定する ... 61

| Section 08 | トランスポート層の役割を知ろう | 62 |

データを確実に送受信するための処理を行う ... 62
ポート番号でアプリケーションを識別する ... 63

| Section 09 | セッション層の役割を知ろう | 64 |

セッションとは ... 64
セッションが成り立つように制御する ... 65

| Section 10 | プレゼンテーション層の役割を知ろう | 66 |

正しい通信のために文字コードの統一化を行う ... 66
データのフォーマットの統一化を行う ... 67

| Section 11 | アプリケーション層の役割とOSI参照モデルのまとめ | 68 |

ネットワークサービスを提供する ... 68
OSI参照モデルのまとめ ... 69

| Section 12 | TCP/IPモデルとOSI参照モデルの関係 | 70 |

TCP/IPモデルはデファクトスタンダード ... 70
TCP/IPモデルとOSI参照モデルの対応関係 ... 71

| Column | 標準化を行う団体について | 72 |

第4章 ネットワークモデルのプロトコルを知ろう

| Section 01 | 物理層におけるプロトコルを知ろう | 74 |

物理層のプロトコルは電気的・機械的な規格 ... 74
有線LANでは光ファイバーケーブルやUTPケーブルが使われる ... 75

Section 02	ハブとは?	76
	機器間で信号のやりとりを可能にする集線装置	76
	カスケード接続と衝突ドメイン	77

Section 03	データリンク層におけるプロトコルを知ろう	78
	LANではIEEE802.3とIEEE802.11の規格が使われる	78
	WANではPPP、PPPoEが使われる	79

Section 04	イーサネットとは?	80
	イーサネットは有線LANの規格	80
	イーサネットフレームとアクセス制御	81

Section 05	MACアドレスとは?	82
	アドレスとキャスト	82
	MACアドレスをあて先アドレスとして使用する	83

Section 06	スイッチとは?	84
	ハブよりも通信効率を高めた集線装置	84
	ハブとは違い、信号の衝突を完全に防止できる	85

Section 07	ネットワーク層におけるプロトコルを知ろう	86
	TCP/IPではデータの転送に必ずIPプロトコルを使う	86
	その他のネットワーク層のプロトコル	87

Section 08	IPアドレスとは?	88
	IPアドレスは機器を特定するユニークなアドレス	88
	大規模なネットワークではサブネットを使う	89

Section 09	ルーターとは?	90
	ルーターはルーティングとフォワーディングを行う	90
	ルーティング表は常に最新の状態に維持される	91

Section 10	インターネットVPNとは?	92
	インターネットVPNでプライベートなデータを流す	92
	インターネットVPNのしくみ	93

Section 11	トランスポート層におけるプロトコルを知ろう	94
	コネクションとは	94
	コネクション型プロトコルとコネクションレス型プロトコル	95

Section 12	TCPとは?	96
	TCPはコネクション型プロトコル	96
	エラー回復とフロー制御を行う	97

Section 13	UDPとは?	98
	TCPは信頼性は高いがデータの転送効率が低い	98
	UDPでは多くのデータを短時間で送ることができる	99

Section 14	セッション層におけるプロトコルを知ろう	100
	暗号化により送信するデータを秘匿する	100
	SSL/TLSで送受信するデータを暗号化する	101
Section 15	プレゼンテーション層とアプリケーション層のプロトコルを知ろう	102
	名前解決のプロトコル「DNS」	102
	メール関連のプロトコル「SMTP」「POP3」「IMAP4」	103
Column	3つのアドレス	104

第5章 ネットワーク内のサーバーの種類を知ろう

Section 01	ファイルサーバーの働きを知ろう	106
	ファイルサーバーはファイルの共有に使われる	106
	ファイルサーバーの構築と運用	107
Section 02	プリントサーバーの働きを知ろう	108
	プリントサーバーはプリンターの共有に使われる	108
	プリントサーバーの構築と運用	109
Section 03	データベースサーバーの働きを知ろう	110
	データベースサーバーはデータの保持と管理を行う	110
	複数台のデータベースサーバーで負荷を分散する	111
Section 04	SMTPサーバーの働きを知ろう	112
	SMTPサーバーはメールの中継を行う	112
	第三者中継はスパムメールの温床となるので注意	113
Section 05	POP3/IMAP4サーバーの働きを知ろう	114
	POP3サーバーはメールを転送する	114
	IMAP4サーバーはメールボックスを同期する	115
Section 06	FTPサーバーの働きを知ろう	116
	FTPサーバーはファイルの転送に使われる	116
	FTPのパッシブモードでファイアウォールによるブロックを回避	117
Section 07	アプリケーションサーバーの働きを知ろう	118
	3層システムの中間に位置するアプリケーションサーバー	118
	アプリケーションサーバーを運用するときの注意	119
Section 08	DHCPサーバーの働きを知ろう	120
	DHCPサーバーはIPアドレスなどのネットワーク設定を配布する	120
	IPアドレスのリース期限とDHCPのリレーエージェント	121

Section 09 その他のサーバーの働きを知ろう ……………………………… **122**
　　　　　　　ユーザー名とパスワードの確認を行う認証サーバー ……………………… 122
　　　　　　　特定のサイトへのアクセスを禁止するプロキシーサーバー ……………… 123

Column DNSによる名前解決について ……………………………………… **124**

第6章 ネットワークの管理と運用をしよう

Section 01 ネットワークの管理と運用とは? ……………………………… **126**
　　　　　　　合言葉は「24時間×365日」 ………………………………………………… 126
　　　　　　　ネットワークの5つの管理業務 ……………………………………………… 127

Section 02 ネットワーク管理に必要なコストは? …………………… **128**
　　　　　　　ネットワークの運用管理に必要な人件費 …………………………………… 128
　　　　　　　人件費以外のランニングコスト ……………………………………………… 129

Section 03 ネットワーク管理者の仕事とは? ……………………………… **130**
　　　　　　　日常的にネットワークの監視と確認を行う ………………………………… 130
　　　　　　　非定型業務と定型業務に対応する …………………………………………… 131

Section 04 ネットワークの構成を管理しよう …………………………… **132**
　　　　　　　ネットワークの構成状況と設定情報を把握する …………………………… 132
　　　　　　　ネットワークの構成要素を文書化する ……………………………………… 133

Section 05 ネットワークのパフォーマンスを管理しよう ……………… **134**
　　　　　　　パフォーマンスはサーバーとネットワーク機器・回線の性能で決まる … 134
　　　　　　　ボトルネックの解消でネットワークの処理性能を上げる ………………… 135

Section 06 ネットワーク機器の情報を収集するには? ……………… **136**
　　　　　　　ネットワーク機器の情報を収集する手段とは ……………………………… 136
　　　　　　　収集した情報を分析して異常を検出する …………………………………… 137

Section 07 レスポンスタイムをチェックするには? …………………… **138**
　　　　　　　pingコマンドでレスポンスタイムを測定する ……………………………… 138
　　　　　　　WANのレスポンスタイムを測定するには ………………………………… 139

Section 08 ルーターやハブの反応チェックと障害対応 …………… **140**
　　　　　　　pingコマンドによる反応チェックと切り分け作業 ………………………… 140
　　　　　　　機器設定のバックアップや代替機器・部品で障害に備える …………… 141

Section 09 ネットワーク回線の反応チェックと障害対応 …………… **142**
　　　　　　　LANケーブルの障害ではリンクランプのチェックが基本 ……………… 142
　　　　　　　WANの障害でも障害箇所の切り分けが必要 …………………………… 143

Section 10	データ保護への対策を考えよう	144
	データの「消失」と「漏えい」を防止する	144
	バックアップとミラーリングによるデータの消失対策	145
Section 11	データのバックアップをとるには?	146
	バックアップの計画を立てる	146
	フルバックアップと増分バックアップを組み合わせる	147
Section 12	設備や施設をメンテナンスして障害を予防しよう	148
	ハードウェアのメンテナンス	148
	ソフトウェアのメンテナンス	149
Section 13	ユーザー管理をしよう	150
	アカウントと権限グループでユーザーを管理する	150
	アカウントサーバーでアカウントを一元管理する	151
Column	ネットワークがつながらない	152

第7章 ネットワークのセキュリティを強化しよう

Section 01	セキュリティとは?	154
	セキュリティの「CIA」とは	154
	リスクは価値と脅威とぜい弱性で決まる	155
Section 02	ファイアウォールで外敵の侵入を防ごう	156
	パケットフィルターで外部からのアクセスを防ぐ	156
	公開サーバーはDMZに配置する	157
Section 03	ウイルス対策をしよう	158
	マルウェアの種類	158
	マルウェアの感染経路と対策	159
Section 04	ID・パスワードを正しく管理しよう	160
	パスワードに対する攻撃を知る	160
	強力なパスワードの作り方と管理方法	161
Section 05	さまざまな攻撃を防ごう	162
	サーバーへのサービス拒否攻撃を知る	162
	セキュリティホールへの攻撃を知る	163
Section 06	情報の内部流出を防ごう	164
	アクセス制限で内部流出のリスクを下げる	164
	組織でセキュリティポリシーを策定する	165

Section 07	データを暗号化して通信しよう	166
	データの暗号化には「鍵データ」を使う	166
	暗号化を導入するには	167

Section 08	デジタル署名を行おう	168
	デジタル証明書でデジタル署名の正当性を確認する	168
	認証局とルート証明書	169

Section 09	ユーザー認証を行おう	170
	ユーザー認証の認証方式	170
	ユーザー認証には認証サーバーが必要	171

Section 10	サーバー認証を行おう	172
	偽サーバーでパスワードを盗みとる中間者攻撃とは	172
	サーバー認証はHTTPSで必ず行われる	173

Column	暗号化あれこれ	174

第8章 ネットワークの広がり

Section 01	ネットワークの広がりとは？	176
	進むサービスのクラウド化とビッグデータ	176
	クラウド化などにより必要となる新しい技術	177

Section 02	クラウドコンピューティングとは？	178
	インターネット資源を使うクラウドコンピューティング	178
	クラウドで実現できること	179

Section 03	VoIPとは？	180
	VoIPは音声をTCP/IPネットワークで送信する	180
	VoIPに必要なもの	181

Section 04	IPv6とは？	182
	IPv6はIPv4アドレスの枯渇を解決する	182
	IPv6の特徴	183

Section 05	仮想化とは？	184
	サーバーを集約し可用性を高める「サーバー仮想化」	184
	ネットワーク機器を柔軟に運用できる「ネットワーク仮想化」	185

Section 06	SDN／OpenFlowとは？	186
	SDN／OpenFlowとは	186
	OpenFlowでネットワーク仮想化を実現する	187

	索引	188

ご注意：ご購入・ご利用の前に必ずお読みください

- 本書に記載された内容は、情報提供のみを目的としています。したがって、本書を用いた運用は、必ずお客様自身の責任と判断によって行ってください。これらの情報の運用の結果について、技術評論社および著者はいかなる責任も負いません。

- 本書の記述は、特に断りのないかぎり、2016年3月現在での情報をもとにしています。これらの情報は更新される場合があり、本書の説明とは機能内容や画面図などが異なってしまうことがあり得ます。あらかじめご了承ください。

- インターネットの情報については、URLや画面などが変更されている可能性があります。ご注意ください。

以上の注意事項をご承諾いただいた上で、本書をご利用願います。これらの注意事項をお読みいただかずに、お問い合わせいただいても、技術評論社および著者は対処しかねます。あらかじめご承知おきください。

■本書に掲載した会社名、プログラム名、システム名などは、米国およびその他の国における登録商標または商標です。本文中では™、®マークは明記していません。

第1章 ネットワークを学ぼう

Section 01	ネットワークとはそもそも何？
Section 02	コンピューターネットワークを利用する長所を知ろう
Section 03	データとは？
Section 04	データ通信とは？
Section 05	回線交換方式とは？
Section 06	パケット交換方式とは？
Section 07	LAN（ローカルエリアネットワーク）とは？
Section 08	WAN（ワイドエリアネットワーク）とは？
Section 09	インターネットとイントラネットの違いを知ろう

Section 01 ネットワークとはそもそも何?

第1章 ネットワークを学ぼう

覚えておきたいキーワード
» ノード
» リンク
» フロー

ネットワーク（network）という言葉は、コンピューターを使ったもの以外でも使われる言葉です。その基本概念は、ノード（node）とリンク（link）から構成され、フロー（flow）という流れがあるもののことです。

1 ネットワークとは

　ネットワークとは、「net」（網）と「work」（働き）が組み合わさった用語で、「モノ」が網状につながっており、そのつながったモノの間で何かが流れてやりとりされるもののことを指します。

　このとき、つながるモノのことをノードと呼びます。そして、ノードをつなげるものをリンク、リンクでノード間を何かが流れることをフローと呼びます。

　たとえば、都市というノードを道路というリンクでつなぎ荷物がフローする「物流ネットワーク」や、人というノードを会話というリンクでつなぎ情報がフローする「連絡ネットワーク」などが、イメージとしてわかりやすいでしょう。

Keyword　ノード

ノードは、ネットワークでの接続点や端を指します。コンピューターネットワークでは、ネットワーク機器（ルーターやハブなど）やコンピューターのことです。

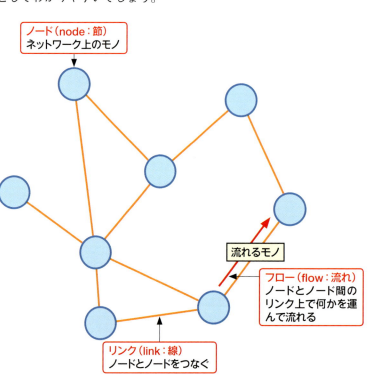

Keyword　フロー

フローは「流れ」のことで、リンク上をノードからノードへ向かって「データが流れること」を表します。

② コンピューターネットワークとは

現在「ネットワーク」という言葉で示されるものとしては、コンピューターネットワーク（computer network）がもっとも一般的です。

コンピューターネットワークでは、コンピューター（computer）やネットワーク機器がノードに相当します。リンクとなるのはケーブルなどの回線です。そして、データ（data）がフローに当たり、ノード間で送り・受け取られるというやりとりが行われることになります。これが、コンピューターネットワークの基本構造となります。

> **MEMO ネットワーク機器の例**
>
> ルーターやハブ、ファイアウォールなどネットワークを構築するための機器がネットワーク機器です。

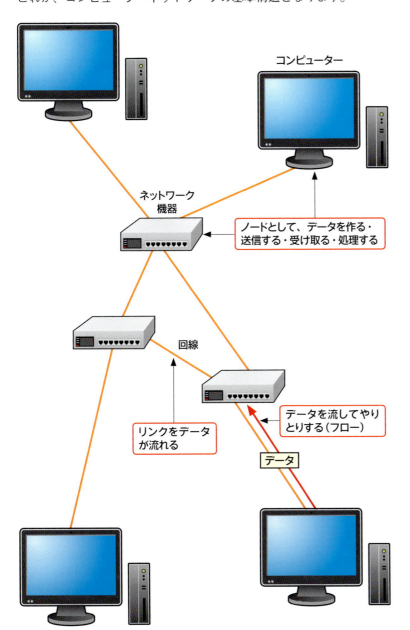

> **Hint データとは**
>
> コンピューターでは、データはビットの集合体（デジタルデータ）で表現されます（Section 03を参照）。デジタルデータは信号に変換されてからネットワークを介して運ばれます（Section 04を参照）。効率良くネットワークでやりとりするために、データはパケットという形に分割されて送受信されます（Section 06を参照）。

第1章　ネットワークを学ぼう

Section 02 コンピューターネットワークを利用する長所を知ろう

覚えておきたいキーワード
≫ リソース
≫ スタンドアローン
≫ リソースの共有

複数のコンピューターをつなげたコンピューターネットワークは、1台のコンピューターだけではできないことや、効率の改善を可能にします。これは、資源（リソース）の共有という点で優れた手法です。

1 コンピューターはリソースを持つ

　コンピューターは、CPUの処理量、メモリーやハードディスクの容量といったハードウェアの能力だけでなく、コンピューターが保持するデータ、プログラムなどのソフトウェア、コンピューターに接続するプリンターやスキャナーなどの機器を「持って」います。これらをコンピューターが持つ資源（リソース：resource）と呼びます。また、コンピューターを使用する人間の知識や技能などもこのリソースに含まれることがあります。

MEMO リソースの意味

リソースは、人材などの人的資源（Human Resources）、石油など天然資源（Natural Resources）といった「資源」を表す言葉です。人・モノ・金・情報など、活動に必要なものを表します。

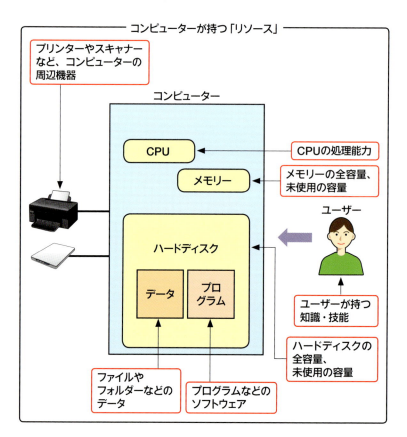

MEMO コンピューターが持つリソース

コンピューターが持つリソースは、コンピューターと接続されている機器などのハード面だけでなく、使用する人間の知識・能力、コンピューターの処理能力などのソフト面も含みます。

② コンピューターネットワークではリソースを共有できる

　1台だけのコンピューターがある状態をスタンドアローン（stand alone）と呼びますが、この状態で使用できるリソースは、「そのコンピューターが持つリソースだけ」ということになります。

　それに対し、コンピューターネットワークを利用した状態では、1台のコンピューターは、ネットワークにつながっているほかのコンピューターのリソースを利用できるようになります。これはリソースの共有と呼ばれ、使用できるリソースが増大し、可能なことが増えることを意味します。これがコンピューターネットワークを利用する最大の長所です。

Keyword　スタンドアローン

スタンドアローンは、ネットワークを利用しないコンピューターの状態を表す言葉です。現在では、ほとんどのコンピューターがネットワークにつながっていることが前提であるため、あまり使われません。

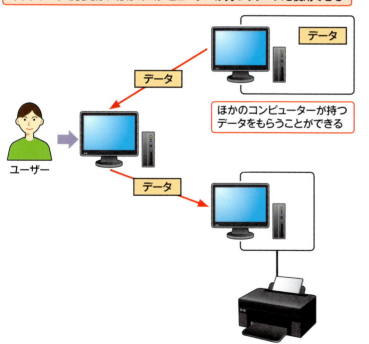

Hint　リソースの共有の例

多くのコンピューターを連結し、そのCPUをつなぐことで莫大な処理能力を得るスーパーコンピューターなども「リソースの共有」をしているといえます。

Section 03

第1章 ネットワークを学ぼう

データとは？

覚えておきたいキーワード
- ビット
- データ
- 符号化

コンピューターが保持する情報は**データ（data）**と呼ばれます。データは**ビット（bit）**という最小単位の情報を集めることで、さまざまな情報を表現します。

1 コンピューターの情報はビットで成り立つ

　コンピューターが持つ情報はすべてビットという情報から成り立っています。ビットは情報を「ある」と「なし」という2つの状態を用いて表現しており、コンピューターはこのビットという形でのみ情報を取り扱うことができます。

　ビットは、たとえば、スイッチに「ON」と「OFF」の2つの状態があることをイメージすると理解しやすいでしょう。通常は「ON」を「1」、「OFF」を「0」として表し、このビットを複数集めることで多くの情報を表現します。

Keyword ビット

ビットは2進数の「0」と「1」で表現されます。3ビットでは「000」「001」「010」「011」「100」「101」「110」「111」の8パターンを表現できます。

ビットは「スイッチ」のようなもの

スイッチはONまたはOFFの**2つの状態**を持つ

 スイッチ1個で**1ビット**　　 2個あれば**2ビット**

通常、スイッチの**ON**を「1」、**OFF**を「0」としてコンピューターは扱う

コンピューターは「スイッチ」をいくつも持つことで、さまざまな情報を表現する

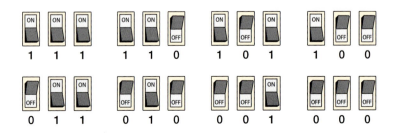

スイッチが3つの「3ビット」であれば、8パターンを表現できる

Hint ビットとバイト

8ビットで「1バイト」となり、単位を変えて表現できます。また、数が大きくなった場合はキロ（千）、メガ（百万）、テラ（10億）という接頭辞を使って表現します。

② データはビットの集合体のこと

コンピューターは、情報をビットという形でしか扱えません。そのため、コンピューター上で扱う「文字」「音声」「画像」「動画」などのすべての情報は、ビットで表現される必要があります。たとえば、「A」という文字情報をビットで表現すると、「100 0001」となります。

このように、情報を「ビットの集合体」として表現したものをデータと呼びます。ネットワークでは、情報をデータに変換してやりとりが行われています。なお、情報をデータに変換することを符号化と呼びます。

「文字」をビットで表現する

文字データ	ビット
A	100 0001
B	100 0010
C	100 0011
D	100 0100
⋮	⋮

「NetWork」という文字データをビットで表現すると……

N	e	t	W	o	r	k
100 1110	110 0101	111 0100	101 0111	110 1111	111 0010	110 1011

「画像」をビットで表現する

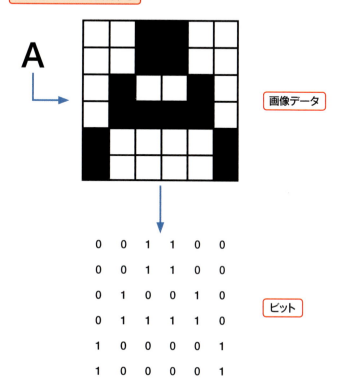

画像データ

ビット

Keyword 符号化

符号化とは、情報をコンピューターやネットワークで使用するためのデータに変換することです。符号化は特定のルールによって行われ、たとえば画像のJPEGや音声・動画のMP4、文字を表現するASCIIなどがあります。また、データをネットワーク用の信号に変換することも符号化と呼ばれます。

MEMO 文字コードの種類

文字コードとは、文字をビットで表現するための符号化のルールのことです。図ではASCIIコードと呼ばれるコードを利用して文字をビットで表現しています。ほかにもWindowsで使われているShift-JISやWebなどで使われているUnicodeなどがあります。

Hint ビットの表記方法

ビットは2進数で「1110」のように表記できます。しかし、2進数では桁数が増えてしまうため、16進数にして先頭に「0x」を付けて「0xD」のように表記する場合があります。

Section 04 データ通信とは？

第1章　ネットワークを学ぼう

覚えておきたいキーワード
- インターフェイス
- 回線
- 伝送

コンピューターが保持するデータを、ネットワークを利用して別のコンピューターへ送るための手法がデータ通信です。データ通信を行うためには処理装置と通信装置が必要となります。

① データ通信に必要な装置・機器とは

　データ通信では、データを生成・処理するコンピューターの処理装置と、データを送り・受け取るための通信装置の2種類の装置が必要です。基本的には、この2つの装置は1台のコンピューターの中に組み込まれています。

　また、コンピューター以外にも、コンピューターをネットワークにつなぐための回線、その回線とコンピューターをつなぐためのインターフェイス（interface）が必要となります。インターフェイスも多くの場合はコンピューターの中に組み込まれています。

 インターフェイス

性質の異なる2つのものを結び付けるものがインターフェイスで、この場合、パソコンと回線を結び付ける「LANボード」や「無線LAN子機」がこれにあてはまります。

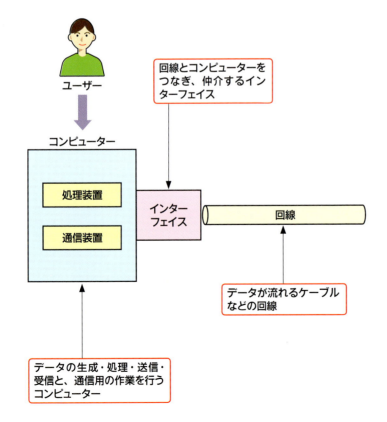

 回線

回線はデータが流れるリンクのことで、有線と無線があります。有線ではLANケーブルはもちろん、インターネットに接続する光ファイバーなども含まれます。無線では、ケーブルの代わりに電波が使われます。

❷ 通信装置によってデータを伝送する

データ通信では、コンピューターが持つデータを、通信装置で回線に送り出す（送信）ことにより、別のコンピューターがそれを受け取る（受信）、という伝送を行います。

そのためにはまず、コンピューターが持つデータのビットを、回線で使用できる「信号」という形に変換します。この信号を回線に流すことで、受信側のコンピューターに届きます。受信側のコンピューターは信号をもとのビットに変換します。

回線で使用する信号は、回線の種類によって異なります。銅線を使った回線ならば電気信号、光ファイバーを使った回線ならば光信号、無線ならば電波となります。また、信号にはアナログ、デジタルという区別もあり、電話回線ではアナログ信号が、デジタル回線ではデジタル信号が使われます。

MEMO 信号の表現方法

電気信号ではビットを表現する方法はいくつかあります。いちばんわかりやすい例は、電圧が低い状態が「0」、高い状態が「1」という形です（第3章のSection 05を参照）。

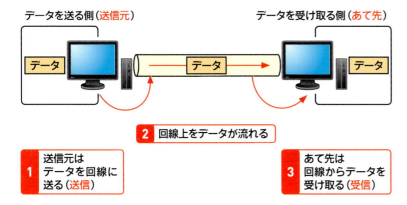

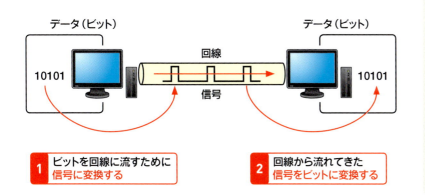

MEMO ネットワーク機器でのデータ変換

ビットで表現されているデータは、回線で使用される信号の形に変換されます。回線が途中で切り替わり、使用する信号が異なる場合はその際に中継するネットワーク機器が変換します。

Section 05

第1章 ネットワークを学ぼう

回線交換方式とは？

覚えておきたいキーワード
- 回線
- 回線交換方式
- 交換機

機器から機器へデータを伝送するには回線を使用します。しかし、接続する機器が多い場合は、すべての機器との間に回線を用意するのは現実的ではありません。そこで、回線交換方式と呼ばれる方法が登場しました。

1 機器を1対1でつなぐ場合の問題点

　データを送信する側（送信元）から、データを受信する側（あて先）へデータを送信するには、回線でつなぐ必要があります。複数のあて先へつなぐためには、それぞれのあて先へつながっている回線が必要となります。

　しかし、この方式ではつながるあて先の数だけ、回線が必要となり、その分だけコンピューターにインターフェイスが必要となってしまいます。新規につなげたいコンピューターを追加する場合には、その分だけ、ほかのコンピューターにインターフェイスと回線を用意する必要があります。

MEMO 交換方式の種類

交換方式には、あて先までデータを届けるために回線を切り替える「回線交換方式」と、データのパケットにあて先を指示する「パケット交換方式」があります。パケット交換方式は、Section 06を参照してください。

1対1でつなぐには回線が1本必要

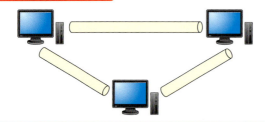
3台をつなぐには3本必要

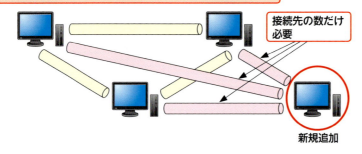
1台追加するたびに多数の回線とインターフェイスが必要になる

接続先の数だけ必要

新規追加

MEMO 回線の数

左図の方式では、n台のコンピューターを相互につなぎたい場合には、「（n×(n－1)）／2本」の回線が必要となります。

❷ 回線交換方式のしくみ

　このように1対1で接続する方法では、接続する台数が多くなると、それぞれに接続先分だけの回線とインターフェイスが必要になります。多くの手間と費用がかかることになり、現実的ではありません。

　そこで、コンピューターにつなぐ回線は1本だけでも複数のあて先へつなげられるようにするため、交換機を利用して回線を切り替えるようにします。この方式は、回線を切り替えることから回線交換方式と呼ばれます。回線交換方式は、電話で使われています。

　回線交換方式を使用することで、少ない費用で多くの機器と回線をつなぎ、データを送受信することができます。

Keyword 交換機

交換機は、あて先がつながっている交換機までの回線を選び、選んだ回線とデータを送ってきた回線をつなげて、1本の回線とするための機器です。英語ではSwitchまたはExchangeと呼ばれます。

交換機を使った回線の接続

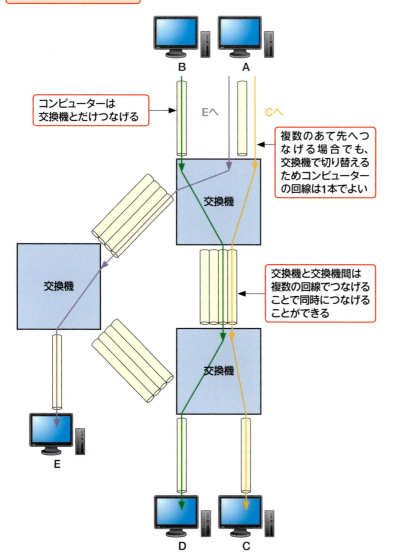

- コンピューターは交換機とだけつなげる
- 複数のあて先へつなげる場合でも、交換機で切り替えるためコンピューターの回線は1本でよい
- 交換機と交換機間は複数の回線でつなげることで同時につなげることができる

Hint 回線交換方式のメリットとデメリット

回線交換方式は、あて先との回線を接続することでその回線を占有できるので、セキュリティや速度面では優れています。ただし、回線を占有してしまうため、1台とだけしかデータが送信できなくなってしまう、というデメリットがあります。

Section 06 パケット交換方式とは？

第1章 ネットワークを学ぼう

現在、データ通信で主に使用されている方式はパケット交換方式です。データを**パケット（packet）**と呼ばれる単位に分割して送信します。パケットは**パケット交換機**を通してあて先に届きます。

覚えておきたいキーワード
- パケット
- パケット交換機
- ルーター

1 回線交換方式の問題点

電話では1対1で電話機どうしを接続し、「常に」データ（音声）が流れています。このような場合には、回線交換方式が向いています。ただし、回線交換方式では常に1台としか通信ができず、通信中はほかからの通信を受けることができません。さらに、交換機と交換機の間の回線数は、同時通信が必要な数だけ必要となります。

しかしコンピューターネットワークでは、多くの場合、**複数の接続先と同時にデータを送受信**しています。また、常にデータを送受信しているとは限らず、**散発的にしかデータのやりとりが発生していない**ことも多いため、回線数を増やしても無駄になってしまいます。このため、コンピューターネットワークには回線交換方式は向いていません。

 パケット

パケットはデータをいくつかに分割する際の単位で、送信側はデータを分割（Disassembly）、受信側はそれを組立（Assembly）します。これを行う機器をPAD（Packet Assembly Disassembly）と呼び、通常はパソコンが行います。

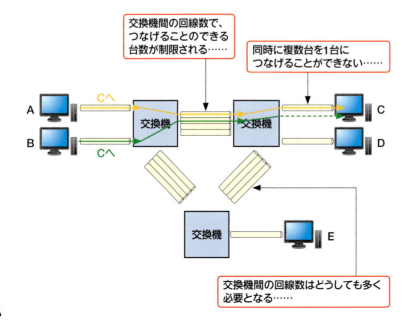

 パケットの送信について

実際にパケットが回線を流れるまでには、通信に必要なさまざまな情報が付加されます。詳細は、第3章のSection 04で説明します。

❷ パケット交換方式なら回線を占有することなく伝送できる

　コンピューターネットワークでは、回線をなるべく占有しない方式として、パケット交換方式が使用されています。パケット交換方式は、データをパケットという小さい単位に分割して個別に伝送することで、回線を占有しないようにするしくみです。

　具体的には、まず、分割されたパケットには、それぞれにあて先を示す情報が付けられます。次に、その情報をもとに、パケット交換機と呼ばれる機器を介して、あて先まで届けられます。最後に、パケットを受け取ったあて先で、パケットを順番通りにまとめて、もとのデータに組み立て直します。

　このように、パケット交換方式はデータを小包のような形にして伝送するため、回線を占有することがなくなります。ただしその一方で、回線上を複数の送信元やあて先のパケットが流れるようになるため、パケットが順番通りに届かないことや、パケットが遅れて届くことなどが欠点として挙げられます。

> **MEMO　パケット交換機に当たる機器**
>
> 現在のコンピューターネットワークでは、パケット交換機としてスイッチやルーターが使用されています。

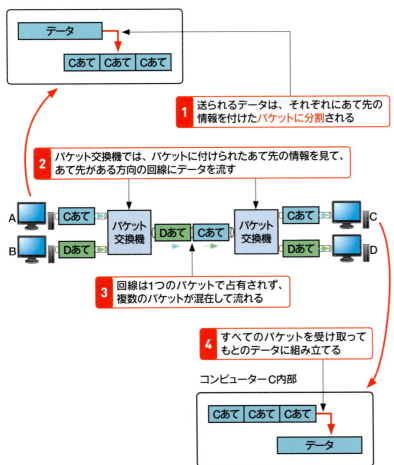

> **Hint　パケットの届く順番**
>
> パケットが分割した順番通りに届かない場合は、並べ替えを受信側で行います。これはOSが行う場合と、ソフトウェアのほうで行う場合があります。

第1章 ネットワークを学ぼう

Section 07 LAN（ローカルエリアネットワーク）とは？

覚えておきたいキーワード
≫ LAN
≫ マルチアクセスネットワーク
≫ ハブ

ネットワークは規模とその特性により、大きく2つに分類されます。そのうちの1つであるLAN（Local Area Network）は、企業が学校などの構内で使用されるネットワークのことを指します。

1 LANは組織の敷地内に構築される

　ネットワークには、その規模と特性による分類があり、LANはその分類の1つです。LANは、構内ネットワークともいわれ、構内、つまり企業や学校などの組織の敷地内に構築されるネットワークのことを指します。比較的狭い範囲でのネットワークといえるでしょう。
　たとえば、ビル1つ、工場1つから始まり、1つのフロア、1つの部屋などの内部で構築されます。基本的に、使用される回線は、組織内で調達し、配線します。LANの回線に接続されたコンピューターは相互にデータのやりとりができます。

MEMO 回線の調達
LAN回線の場合は、自社で調達・敷設を行うか、敷設を行う業者に依頼します。一方、インターネット回線の場合は回線事業者との契約により回線の利用権を得る必要があります。

フロア

ビル

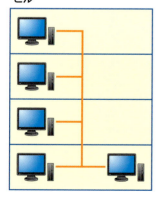

部屋

部屋・フロア・ビル・敷地内などに設置されるネットワークがLAN
● 敷地内でのみ構築される
● 回線となるケーブルや無線は自社で設置する
● 接続されたコンピューターは相互にデータをやりとりできる

Hint オンプレミスとオンデマンド
LANなどのネットワーク、サーバー、ソフトウェアを自社で調達して運用することをオンプレミスと呼びます。それに対し、クラウドなど外部のサービスを利用するのはオンデマンドと呼びます。

❷ LANではマルチアクセスネットワークが一般的

　LANでは、多くのコンピューターを接続し、それぞれがデータのやりとりを行う、マルチアクセスネットワークという構成が一般的に使用されます。

　マルチアクセスネットワークは、1つの回線に対して複数のコンピューターがデータを送信／受信できるネットワークです。多数のコンピューターを使用することが多い、LAN向けのネットワークの構成です。

　このとき、実際にはハブ（hub）と呼ばれる集線装置を利用し、マルチアクセスネットワークを構成します。

 Keyword　ハブとスイッチ

ケーブルをまとめ、それにつながっている機器でLANを構築するための機器がハブやスイッチです。詳細は、第4章のSection 06で説明しています。

マルチアクセスネットワークは、複数のコンピューターを1本の回線につなげたネットワーク

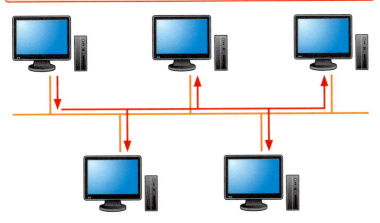

● どのコンピューターでもデータを送信／受信することができる
● 1台のコンピューターから送信されたデータは、回線上につながっている別のコンピューターに届く

実際には、複数のコンピューターやネットワーク機器をハブを使って接続

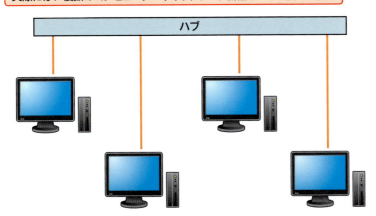

1本の回線につなげるのではなく、回線をまとめる装置（集線装置：ハブ）につなげることで、マルチアクセスネットワークを構築する

 Hint　その他のネットワーク構成

マルチアクセスネットワーク以外では、1台と1台をつなぐポイントツーポイントネットワーク、1台と複数台をつなぐマルチポイントネットワークがあります。

第1章 ネットワークを学ぼう

Section 08 WAN (ワイドエリアネットワーク) とは？

覚えておきたいキーワード
» WAN
» 電子通信事業者
» インターネット

ネットワークの分類として、LANともう1つ、WANがあります。WAN (Wide Area Network) とは、広大な範囲をつなげるネットワークのことで、インターネットもその1つです。

1 WANは都市、地域、国などをまたいで構築される

　規模と特性によるネットワークの分類では、LANとWANの2つがあります。WANは名前の通り、広い範囲のネットワークを指し、都市、地域、国などをまたいで構築されるネットワークです。
　WANは、企業が持つLANと別の企業が持つLAN、または別の地域にあるLANをつなげることで構築されます。回線は自前で調達することができないため、回線を持つ電気通信事業者と呼ばれる企業から借りることによって、LANどうしをつなげます。

 電気通信事業者の回線網

電気通信事業者の回線網の中がどうつながっているのかは電気通信事業者によって異なります。

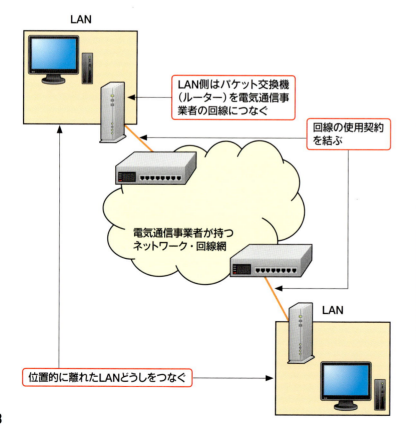

 VPN

LANの拠点どうしをWAN回線を利用してつなぐ技術がVPNです。VPNを使うことでLANどうしがセキュリティを保ったままデータをやりとりできます。詳細は、第4章のSection 10で説明しています。

② WANで本社と支社をつなぐ

　WANを使うことにより、離れた地点にあるLANどうしをつなぐことができます。たとえば、東京にある本社と大阪にある支社を1対1でつなぐことで、距離的な制限がなくなり、大阪のコンピューターから直接東京のコンピューターへデータを送ることなどができるようになります。

　さらに、複数の支店がある場合などでは、電気通信事業者のネットワーク網を借りることで、マルチアクセスネットワークを作ることができ、会社全体でのデータのやりとりが可能になります。

　このように、離れた地点にあるLANどうしをつなぐことでWANが形成されますが、これを世界規模に広げ、企業、学校、家庭などの区別なしに大きなWANを構成したものがインターネットです。

Keyword 専用線

電気通信事業者の回線で、拠点と拠点を直接つなぎ、占有できる契約を専用線と呼びます。占有できるため高額になりますが、回線速度やセキュリティ面で優れています。

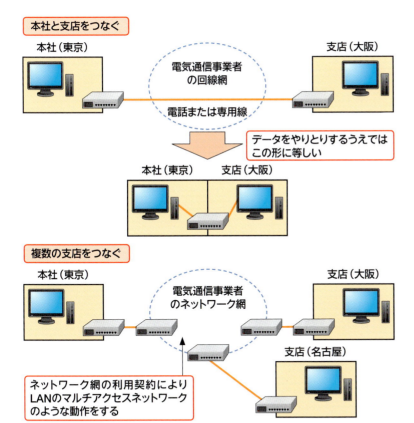

Keyword PPP

WANで主にルーター間でデータを送受信するために使われているプロトコルがPPP（Point-to-Point Protocol）です。名前の通りポイントツーポイントネットワークで使用されます。詳細は、第4章のSection 03で説明しています。

第1章　ネットワークを学ぼう

Section 09 インターネットとイントラネットの違いを知ろう

覚えておきたいキーワード
» インターネット
» イントラネット
» エクストラネット

もっとも有名なWANとして、世界中のネットワークをつなげた**インターネット**があります。また、インターネットの技術を使ったLANのことを**イントラネット**（intranet）と呼びます。

① インターネットは世界中のLANやWANをつなげたもの

インターネット（the Internet、the Net）は世界最大のWANで、統一したルールと技術を用いた、世界中のWANやLANを相互につなげたネットワークです。インターネットには、WANやLANなどのネットワークの集合体である**自律システム**（AS：Autonomous System）が複数あります。これらがつながりあうことで、インターネットという1つの大きなWANを作り出しています。

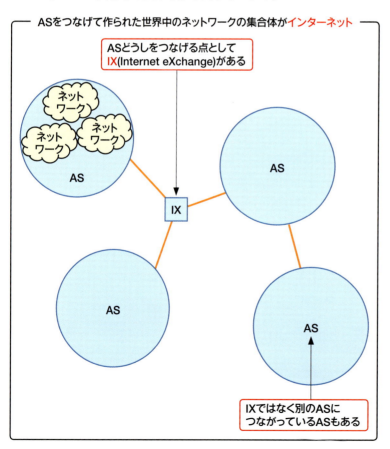

ASをつなげて作られた世界中のネットワークの集合体が**インターネット**

Keyword 自律システム（AS）
いくつものネットワークを持つ組織（大学・企業・プロバイダーなど）のことで、インターネットの運用単位がASです。

Keyword IX (Internet eXchange)
ASどうしを相互につなげるためには多くの回線が必要となり、コストがかかるため、複数の回線をまとめてつなげるためにIXが使われています。インターネットの事実上のバックボーンとなっています。

MEMO インターネットの記述
インターネットを「internet」と記述する場合は、「ネットワーク間接続」という意味になります。固有名詞のインターネットは「the」を付けたり、「INTERNET」など大文字を使います。

❷ イントラネットはインターネット技術を使用したLAN

かつては、LANに使われる技術にはさまざまなものがありました。しかし現在では、インターネットへの接続がほぼ前提となっているので、LANにもインターネット技術を利用したほうが効率的です。このようなLANをイントラネットと呼びます。

また、企業が持つイントラネットを、インターネットまたは専用の回線でつないで作り上げたWANをエクストラネット（extranet）と呼びます。

インターネットが一般的になっている現在では、世界中の多くのネットワークはこのイントラネットやエクストラネットになっています。

> **Hint エクストラネットの用途**
> エクストラネットは、主として、自社とは異なる企業とのデータ交換を行い、電子商取引や電子データ交換（EDI）を行うために使われることが多いです。

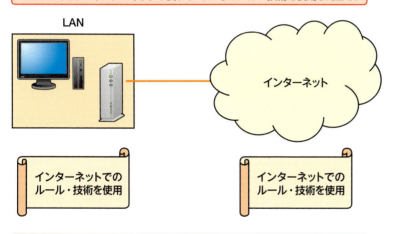

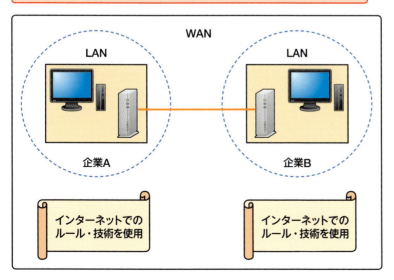

> **Keyword 電子データ交換**
> エクストラネットの主な用途でもある電子データ交換とは、銀行や通関、旅客、物流などの企業群が同一のルールや仕様に基づいて、ビジネス文書をやりとりし、取引を行うことです。

COLUMN

無線LANのよいところ、悪いところ

　無線LANは、現在では広く普及し、会社や家庭はもちろんのこと、公共の場でも無線LANが公開されている場所が多くなってきました。これだけ急速に普及した無線LANについて、有線LANより優れているところはどこか、劣っているところはどこか、という点を確認してみましょう。

　まず先に、「悪いところ」です。無線LANでは電波を使います。電波は空間に広がるため、「管理者が把握していない機器が勝手に受信できてしまう」というセキュリティ面の問題があり、これを克服する必要があります。

　2つ目は通信速度が安定しない、という点です。電波の強さがそのまま通信速度につながるため、無線LAN親機から距離が離れる、障害物がある、ほかに電波を出す機器があり干渉するなどのことが起きると、あっという間に速度が低下してしまいます。

　また、電波を同時にやりとりできる親機と子機は1ペアだけなので、機器の数が増えると1台当たりの通信量が低下してしまいます。

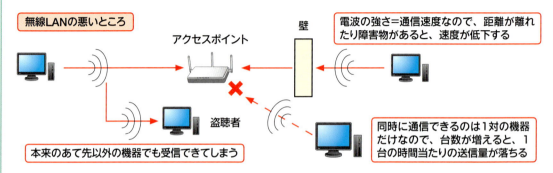

　悪いところばかり並べましたが、この悪いところがあってもそれを上回る「よいところ」があります。

　それは「配置が自由」という点です。邪魔なケーブルを配線する必要がない、機器を持って動いても使用できる、離れた距離でも使用できるなど、無線LANは利便性が非常に高くなります。

　また、機器にはLANケーブルの差し込み口が必要なく、アンテナを搭載すればよいため機器全体を小さくできます。つまり、タブレットやスマートフォンのような手で持てるサイズのものでもLANに接続できるようになり、これもまた利便性が高くなります。

　つまり、無線LANは「セキュリティ・通信速度の問題」対「利便性」になります。現在は、この「利便性」のほうが優れていると思われているため、無線LANは広く普及してきているわけです。

第2章 データはネットワークをどう流れる？

Section 01	Webブラウザーから Web サーバーへと向かうデータを追跡しよう
Section 02	Web ブラウザーから OS までの流れ
Section 03	OS から LAN 回線までの流れ
Section 04	LAN 回線からインターネットまでの流れ
Section 05	インターネットからサーバー側の LAN 回線までの流れ
Section 06	LAN 回線から Web サーバーまでの流れ

Section 01

第2章 データはネットワークをどう流れる？

WebブラウザーからWebサーバーへと向かうデータを追跡しよう

覚えておきたいキーワード
≫ Webブラウザー
≫ Webサーバー
≫ プロバイダー

この章では、自宅のパソコンからホームページを見る際に、実際に**どのようにデータが流れているのか**を見ていきましょう。まずは、必要なソフトウェアと、機器がどのように配置されているのかを説明します。

1 ホームページを見るために必要なソフトウェア

　自宅のパソコンから、インターネット上のホームページを見るとき、**どのようなデータが、どのように流れていくのでしょうか**。まずは、ホームページを見るために必要なソフトウェアについて説明します。

　まず、ユーザーはパソコンを操作してホームページを見たいという要求（データ）を出します。その際に使用するソフトウェアとして **Webブラウザー** や、そのWebブラウザーをパソコン上で動作させる **OS（Operating System：オペレーティングシステム）** があります。

　そして、ホームページを見たいという要求は、ホームページがある側のコンピューターである **Webサーバー（Server）** に届きます。そこでその要求に自動で対応するソフトウェアとして **Webサーバーアプリケーション** があります。

Keyword　Webブラウザー

Webブラウザーは、Webページを閲覧（ブラウズ：browse）するためのソフトウェアです。MicrosoftのMicrosoft EdgeやInternet Explorer、GoogleのChromeなどがあり、パソコンやモバイル端末で利用できます。

Keyword　Webサーバーアプリケーション

Webサーバーアプリケーションは、サーバーでWebブラウザーからの要求に応答するためのソフトウェアです。Apacheソフトウェア財団のApacheやMicrosoftのIISなどが有名です。

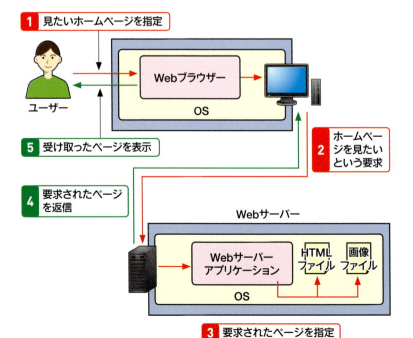

❷ パソコンからWebサーバーまでの道のり

　それでは、パソコンから Web サーバーへと向かうまでの道のりには、どのような機器が登場するのでしょうか。まず、自宅側にはユーザーが操作するパソコンと、自宅と契約しているプロバイダーをつなぐブロードバンドルーターがあります。

　パソコンから送られたデータは、ブロードバンドルーターを介して、プロバイダー側のルーターへと届きます。データはそこから目的地へ向かって、インターネットを形成する AS を経由していきます。このとき、AS 間の通信にはすべてルーターが使用されます。

　データが目的の組織へ到着したら、まずは入口であるルーターへと届きます。その後、組織内にある、セキュリティ面を担うファイアウォールを経由して、ホームページがある Web サーバーへと届きます。

 プロバイダー

プロバイダーはインターネットへの接続を行う企業組織で、ISP（Internet Service Provider）と略されます。個人宅や組織からの回線を接続し、インターネットへのかけ橋となります。

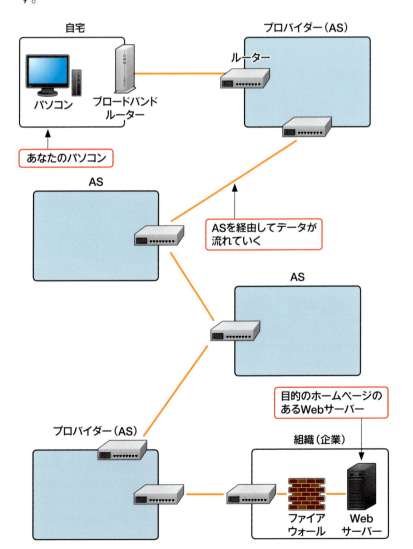

 ASとは

自律システム（Autonomous System）と訳されます。組織・企業、プロバイダーなどの複数のネットワークの集合体です。これを複数つなげてインターネットができています（第1章のSection 09を参照）。

 ファイアウォール

ファイアウォールは、インターネットと企業組織の内部ネットワークの境界上に配置される「防火壁」で、インターネットからの不正なアクセスを内部に通さないことにより、内部を守るための機器です。

第2章　データはネットワークをどう流れる?

Section 02 Webブラウザーから OSまでの流れ

覚えておきたいキーワード
» HTMLファイル
» IPアドレス
» パケット

Webブラウザーを操作すれば、「ページを要求する」というデータがすぐに送信されるように思えるかもしれません。しかし、まずは<u>パソコンの内部でそのデータを生成する</u>、という作業があります。

① Webブラウザーで「ページの要求データ」を生成する

　「ホームページを見る」と一言でいっても、実際にはホームページを構成する「HTMLファイル」や「画像ファイル」、「CSSファイル」などのファイルを、<u>Webサーバーから「ダウンロード」する形</u>になります。

　Webブラウザーは、ダウンロードされたHTMLファイルを解析し、画像やCSSファイルの表現を加えて、<u>ユーザーに見えるように表示する</u>という役割を担っています。

　しかしそれ以前に、Webブラウザーはユーザーの入力やクリックに応じて見たいホームページを決定し、ホームページがあるサーバーに対して「ページを要求する」というデータを作成する役割があります。その際に「<u>どのプログラムから、あて先のどのプログラムあてにデータを送るのか</u>」を示すポート番号が決定されます。

Keyword CSSファイル
CSS（Cascading Style Sheets）とは、HTMLで書かれた文書に対し、スタイル（フォントのサイズ、配置、色、罫線など）を決定するためのファイルです。

Keyword HTMLファイル
HTMLファイルはWebページそのもので、表示したい文章や別ページへのリンク、画像表示の指示などが書かれています。これらはHTMLというプログラム言語で記述されています。

MEMO 「ページを要求する」というデータ
Webページの要求にはHTTP（Hyper Text Transfer Protocol）を使用します。ページの要求には要求するページのURLを入れて送信します。

Keyword ポート番号
コンピューター内では複数のプログラムが起動しています。ポート番号は、それぞれが通信をするため、「どのプログラムからどのプログラムあてか」を識別するために付ける番号です。

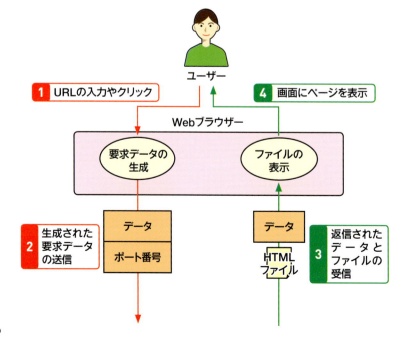

② OSで「あて先情報」を付加する

　WebブラウザーでFCられた「ページを要求する」というデータは、Webブラウザーを動作させているパソコンのOS（正確にはOSの通信機能）が受け取ります。

　OSは、「ページを要求する」というデータから、実際にそのページがあるWebサーバーの場所を、DNSというしくみを使用して、IPアドレスという形で取得します。

　IPアドレスを取得したら、「ページを要求する」というデータにIPアドレスなどの通信に必要なデータを付け加え、送信できるデータの形であるパケットに整形します。

　このとき使用されるあて先のポート番号はURLによって決まった値（通常は80番）になります。また送信元のポート番号は、パソコンが使用していないポート番号の中からランダムで決められた番号を使います。

Keyword IPアドレス

IPアドレスはコンピューターを識別するための情報で、「コンピューターのネットワーク上での住所」として使われます。詳細は、第4章のSection 08で説明します。

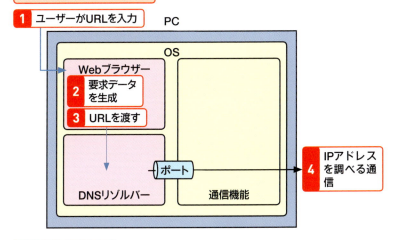

URLからIPアドレスを調べる

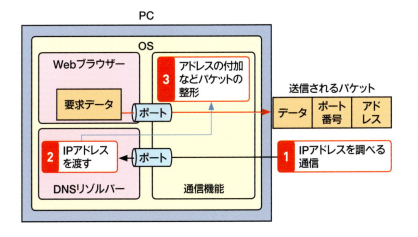

パケットを整形する

Keyword DNS

DNSは、メールアドレスやURLで使われている「gihyo.jp」のような文字列から、あて先のコンピューターを指定するIPアドレスを導き出すためのプロトコルです。詳細は、第4章のSection 15で説明します。

第2章　データはネットワークをどう流れる？

Section 03 OSからLAN回線までの流れ

覚えておきたいキーワード
» ARP
» MACアドレス
» イーサネット

OSで成形されたパケットは、自宅のLANを通って、ブロードバンドルーターまで到達することになります。ブロードバンドルーターに到達するためには、MACアドレスや、イーサネットなどのしくみを利用することになります。

① ブロードバンドルーターのMACアドレスを調べる

　WebブラウザーやOSによって作られたパケットは、パソコンのLANポートを通して送信されますが、その前に「どこに送信するのか」を決めなければなりません。

　もちろん、最終的なあて先はWebサーバーであり、それはIPアドレスで決められています。しかし、それとは別にLAN内で次に到達する場所を決定する情報が必要です。これがなければ、パケットはLAN内で迷子になってしまいます。

　これを決定するために、送信前にARPという別の通信を行い、あて先を決めるMACアドレスを取得します。つまり、ブロードバンドルーターのMACアドレスをARPにより取得することになります。

Keyword MACアドレス

MACアドレスは、LAN内でのコンピューターのあて先・送信元を指定するために使用する「アドレス」です。詳細は、第4章のSection 05で説明しています。

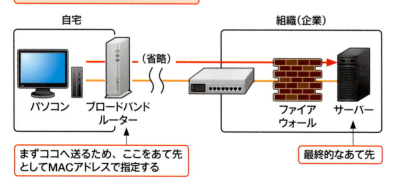

LAN内で次に到達する場所を決定する

自宅　　　　　　　　　　　組織（企業）

パソコン／ブロードバンドルーター／ファイアウォール／サーバー

まずココへ送るため、ここをあて先としてMACアドレスで指定する
最終的なあて先

あて先のMACアドレスを調べる（ARP）

ARPによりMACアドレスを入手
MACアドレスを教えて!!
xxというアドレスです

 ARP

IPアドレスとMACアドレスは、どちらもLANで必要なアドレスです。あて先のIPアドレスが決定したあとで、それに対応するMACアドレスを見つけるためのプロトコルがARPです。

38

② データをブロードバンドルーターに送信する

　ブロードバンドルーターのMACアドレスを取得すると、その情報をパケットにさらに付け加えます。パケットにMACアドレスを付け加えた状態をフレームと呼びますが、このフレームを、パソコンをブロードバンドルーターへと送信します。

　その際に、LAN内のほかのパソコンがデータを送信している場合には、データがぶつかって壊れる可能性があります。よって、パソコンはまずデータがすでに流れていないかどうかを調べることでこれを回避します。この調べる動作を含めたLANのしくみを、イーサネットと呼びます。

 イーサネット

イーサネットは、LANの規格の1つで、現在の有線LANはほとんどがこの規格で運用されています。詳細は、第4章のSection 04で説明しています。

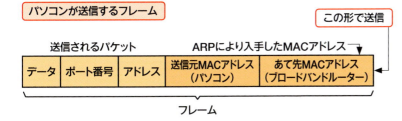

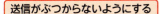

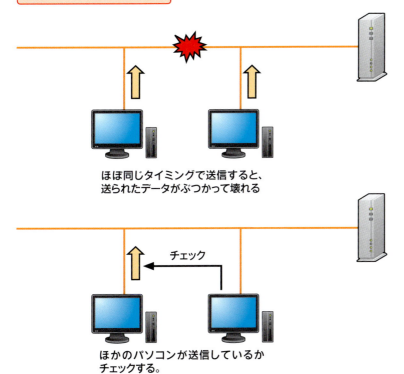

 コリジョンとは

同一の回線で同時に別々の機器から信号が送信された場合、信号がぶつかり、正しく読み取れなくなります。この衝突現象のことを、コリジョン（Collision）といいます。これは有線と無線のどちらでも起きます。

Section 04

第2章　データはネットワークをどう流れる？

LAN回線からインターネットまでの流れ

覚えておきたいキーワード
≫ プロバイダー
≫ ルーティング
≫ 経路

自宅のブロードバンドルーターは、契約したWAN回線につながっています。このWAN回線を経由して、プロバイダーまでデータが届くことになります。その後、プロバイダーのルーターはあて先IPアドレスを確認し、ルーティングを実施します。

① データをプロバイダーへ送信する

ブロードバンドルーターは、届いたデータ（フレーム）であて先として指定されているMACアドレスが、ブロードバンドルーターのMACアドレスと一致するかどうかを確認します。

その後、契約している回線、たとえば光回線のような回線にデータを送り出しますが、その際に、プロバイダーとの通信が行われます。

ブロードバンドルーターに設定されているプロバイダーのユーザーIDとパスワードが、プロバイダーに登録されているものと一致しているかを確認し、正しいユーザーIDとパスワードなら指定したプロバイダーへ接続されます。プロバイダーに接続されると、データがプロバイダーの持つルーターへと送信されます。

MEMO　MACアドレスの確認

LANのようなマルチアクセスネットワークでは、すべての機器が送信するデータがルーターに届くため、自分あてかどうかをMACアドレスで確認します。

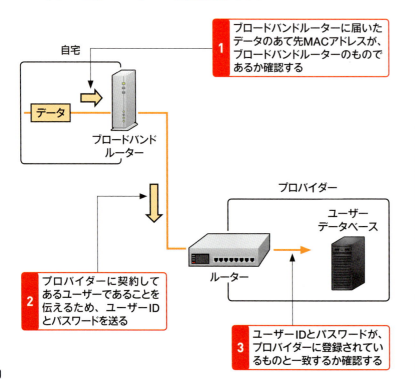

MEMO　ユーザーIDとパスワードの確認

プロバイダーへの接続には、プロバイダーとの契約時に与えられたユーザーIDとパスワードが必要です。ブロードバンドルーターにはこれを設定する必要があります。

なお、ユーザーIDとパスワードによる認証は、プロバイダーとの接続を確立する際に行われ、接続が切断されない限り、データの送受信のたびに行う必要はありません。

② プロバイダーから最終的なあて先までルーティングされる

　データがプロバイダーのルーターまで届くと、ルーターはそこで、データに付加されたあて先のIPアドレスを確認し、そこへデータを届けるための「ルーティング」を行います。

　インターネットはルーターによってそれぞれのASがつながっている構造であり、「ルーターからルーターへデータを渡していく」ことで、あて先まで届くしくみになっています。このルーターからルーターへデータを渡していく際に、「次に渡すルーターを決定する」ことをルーティングと呼びます。これをルーターが次から次へと行っていくことで、最終的にあて先までの道（経路）ができることになります。

ASとは

自律システム（Autonomous System）と訳されます。組織・企業、プロバイダーなどの複数のネットワークの集合体です。これを複数つなげてインターネットができています（第1章のSection 09を参照）。

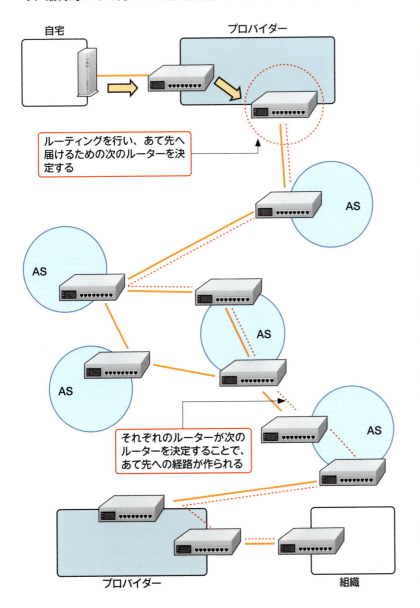

経路の作られ方

ルーターが「次の中継ルーター」を指定し、次のルーター以降もそれを繰り返すことであるネットワークからあて先のネットワークまでの経路が作られます。段階的に決められていくこの動作を、「ステップバイステップ」と呼びます。

第2章 データはネットワークをどう流れる?

Section 05 インターネットからサーバー側のLAN回線までの流れ

ルーティングによって作られた経路に従い、データはルーターからルーターへ運ばれることになります。データは最終的に、あて先IPアドレスのサーバーを持つ組織まで届き、組織が持つファイアウォールでチェックされることになります。

覚えておきたいキーワード
≫ ファイアウォール
≫ フィルタリング
≫ DMZ

1 データがあて先組織のファイアウォールへ届く

プロバイダーに届けられたデータは、ルーティングにより作られた経路に沿って送られていきます。最終的にサーバーのある組織と契約しているプロバイダーへ届き、そこから組織と接続された回線にデータが送信されます。そして、回線に送られたデータは組織が持つルーターに届き、ファイアウォールへと送られます。

MEMO プロバイダーとの契約

インターネットとの通信を行うためには、ASに所属する必要があります。このため、ASであるプロバイダーと契約する必要があります。これは個人だけでなく、企業も行います。

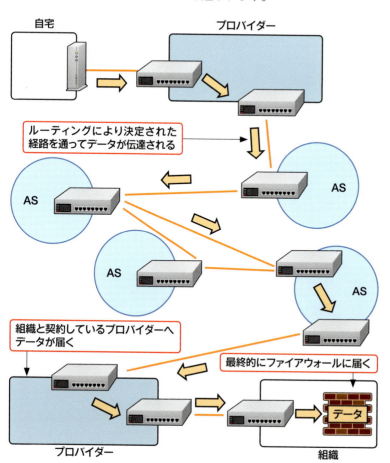

Hint ファイアウォールに届いたら

インターネットからの通信は、ファイアウォールに届き、そこでフィルタリングされます。詳細は、第7章のSection 02で説明しています。

42

② ファイアウォールでデータがチェックされる

　ファイアウォールは、組織の内部ネットワークを、外部、つまりインターネットから守る役割を持っています。ファイアウォールでは内部ネットワークにとって不必要なデータを、内部に転送せずにその場で破棄します。これをフィルタリングと呼びます。

　また、Webサーバーを外部に公開している企業などでは、ユーザーがホームページを閲覧しようとしたときなどに、その要求に応答する必要があります。このため、内部ネットワークとは別に「インターネットからのアクセスを部分的に許可する」ネットワークを用意しています。これはDMZと呼ばれ、公開されるサーバーはここに配置されます。

MEMO　ファイアウォールの役割

ファイアウォールは、データを通してよいか、通してはいけないかを、ろ過（フィルタリング）します。データに付加されているIPアドレスやポート番号などの情報でこれを行います。

ファイアウォールによるフィルタリング

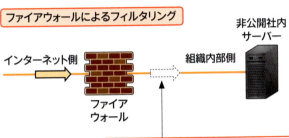

インターネットからの不必要なデータは、セキュリティを守るなどの理由で、組織内部へ入れないようにろ過（フィルタリング）される

DMZ

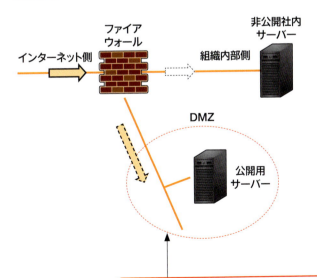

インターネットからのデータをすべて入れないようにしてしまうと、インターネットからデータを受け取るサーバーを配置できない。よって、インターネットからデータを受け取ることができる場所（＝DMZ）を設定する

Keyword　DMZ

DMZは非武装地帯（DeMilitarized Zone）と訳され、内部ネットワークとは別に公開するサーバーを配置します。詳細は、第7章のSection 02で説明しています。

Section 06

第2章 データはネットワークをどう流れる?

LAN回線からWebサーバーまでの流れ

覚えておきたいキーワード
≫ アドレスの一致
≫ Webサーバーアプリケーション
≫ 返信データ

ファイアウォールに届いたデータは、ファイアウォールでチェックされてから、**DMZ**
のLAN回線に送られます。LAN回線を通り、Webサーバーへ届いたデータは、IP
アドレスやポート番号を確認され、**Webサーバーアプリケーション**まで到達します。

① ファイアウォールからWebサーバーへ送信する

ファイアウォールによるフィルタリングというチェックを経て、DMZへ入ることを許されたデータは、DMZのLAN回線に送られます。ここでは、自宅のLAN回線と同様にARPを行い、あて先であるWebサーバーのMACアドレスを取得することになります。

Webサーバーの MAC アドレスを取得後、パケットのあて先の MAC アドレスとして Web サーバーの MAC アドレスをセットし、LAN 回線の中を流れ、Web サーバーに到達します。

 ARP

ARPは、IPアドレスとMACアドレスを結び付けるプロトコルです。LANでは基本的にこの動作が必ず行われます。詳細は、Section 03で説明しています。

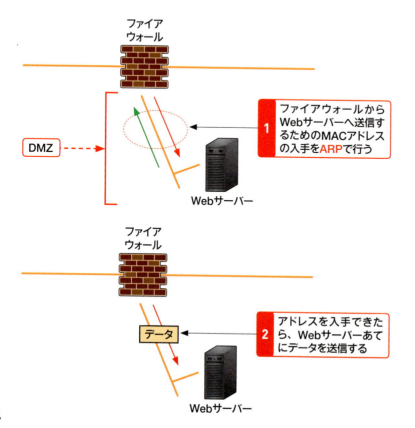

 サーバーの配置

DMZには、Webサーバーやメールサーバー、DNSサーバーなど、外部からのアクセスを必要とするサーバーを配置します。

② Webサーバーアプリケーションが「ページのデータ」を返信する

　Web サーバーはデータを受け取ると、まず、パケットに付加されているあて先 MAC アドレスが自分の MAC アドレスと一致するかどうかを確認します。同様に、あて先 IP アドレスが自身の IP アドレスと一致するかどうかも確認します。

　双方が一致したら、パケットのあて先ポート番号を確認し、その番号が示すプログラム（この場合は Web サーバーアプリケーション）にデータを渡します。

　データを受け取った Web サーバーアプリケーションは、そのデータの中身、つまり「ページを要求する」というデータを見て、要求されたページを返信しようとします。返信時のあて先には、先ほどのデータの送信元である IP アドレスとポート番号が使われます。

　そして最後に、Web サーバーからパソコンへの返信データとして、ホームページのデータを送信します。手順としては今までの ARP、ファイアウォールのフィルタリング、ルーティング…を順番に実施していくことになります。ARP やルーティングはパケットごとに実施されますので、帰りも同様の手順をこなす必要があります。

> **MEMO ポート番号とアプリケーション**
> Web サーバーなどで使用されるアプリケーションは、それぞれ使用するポート番号が決められています。0〜1023番のポート番号が使用されます。

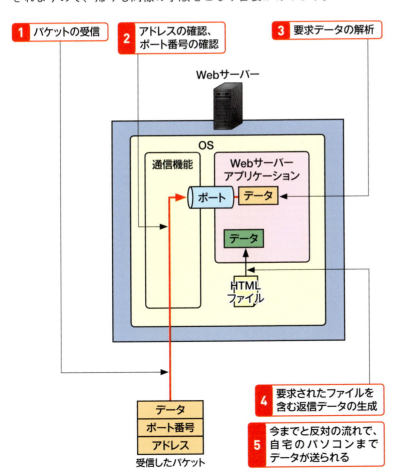

> **MEMO 代表的な Web サーバーアプリケーション**
> 代表的な Web サーバーアプリケーションとして、Apache ソフトウェア財団のオープンソースソフトウェアである Apache HTTP Server や Microsoft の Windows OS に搭載されている IIS (Internet Information Service) があります。

インターネットの正体

　第2章では、自宅のパソコンからインターネット上のWebサーバーまでの道のりを説明しました。それでは、この「インターネット」とはどのようなもので、「インターネットにつなぐ」とはどのようなことなのでしょうか。

　そもそも、「インターネットというネットワーク」がどこかに明確に存在するわけではありません。世界中では、企業や、学校などの組織、ネットワーク専門の企業であるプロバイダーが、それぞれの持つネットワーク群を相互につないでいます。これらの企業などを「自律システム（AS）」と呼び、ASどうしがつながり合ってデータをやりとりできるようにすることで、全体として1つのネットワークを作っています。これが「インターネット」です。

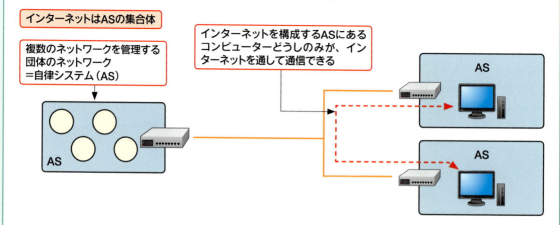

　では、企業や自宅が「インターネットにつなぐ」というのはどういうことなのでしょうか。
　企業や自宅からは、ASどうしがつながっているネットワークに直接つなげるわけではなく、プロバイダーと契約する必要があります。プロバイダーと契約したら、自宅のブロードバンドルーターとプロバイダーのルーターを回線でつなげます。これで自宅からのデータがプロバイダーまで届くことになったと同時に、自宅は「プロバイダーが持つネットワークの一部」になります。
　これによって、インターネット上のサーバー群とデータのやりとりが可能になります。つまり、「インターネットにつなぐ」ということは、「インターネットの一部」になる、ということなのです。

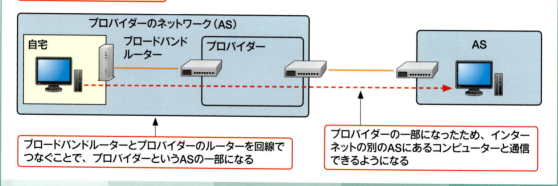

第3章 ネットワークモデルを知ろう

Section	01	ネットワークモデルとは？
Section	02	OSI参照モデルを知ろう
Section	03	プロトコルとは？
Section	04	カプセル化とは？
Section	05	物理層の役割を知ろう
Section	06	データリンク層の役割を知ろう
Section	07	ネットワーク層の役割を知ろう
Section	08	トランスポート層の役割を知ろう
Section	09	セッション層の役割を知ろう
Section	10	プレゼンテーション層の役割を知ろう
Section	11	アプリケーション層の役割とOSI参照モデルのまとめ
Section	12	TCP/IPモデルとOSI参照モデルの関係

第3章　ネットワークモデルを知ろう

Section 01 ネットワークモデルとは？

覚えておきたいキーワード
- ベンダー
- スタンダード
- ネットワークモデル

ネットワークは物理的なパソコンやサーバー、ネットワーク機器の構成だけで成り立っているわけではありません。それらも含めたネットワークを構成する「モデル」が存在しています。この章ではそのモデルについて説明します。

1 かつてのネットワークはベンダーごとに独自規格

かつてのネットワークは、多くの場合は1社のベンダー（製造メーカー、販売会社のこと）によって独自規格で作られた製品や、通信ルールなどでネットワークが構築されていました。そのため、一度構築したネットワークには他ベンダーの機器を使用することができない（互換性がまったくない）状態となっていました。

この状態では、ユーザー側がもし新たに他ベンダーの機器を導入したいと思っても、ネットワークごと一斉入れ替えが必要となるか、2つのネットワークを並列で使用する必要がありました。これは、ユーザー側の不利益がとても大きい状態といえます。

Keyword 互換性

互換性とは、ある製品などに対して置き換えが可能になる性質のことです。たとえばA社の製品に使われているA社のケーブルを、B社のケーブルに置き換えても問題なく動作する場合、「B社のケーブルはA社のケーブルに対し互換性がある」と表現します。

異なるベンダーの機器間では相互通信できない

ベンダーA社の製品・ルール　　ベンダーB社の製品・ルール

相互通信できない

製品の交換なども自由にできない

一部だけを交換できない

ベンダーA社の製品・ルール　　ベンダーB社の新製品

Keyword ベンダーロックイン

複数のメーカー（ベンダー）で構成せず、1つのベンダーの製品や規格で構成されたシステムで、他社への切り替えが困難になる状況のことを、ベンダーロックインといいます。

② ネットワークモデルでネットワークの規格・仕様を統一

　そのようなユーザー側に不利益が大きい状態を改善すべく、統一した規格・仕様でネットワークを構成しよう、という動きが出てきました。この動きは、それまでベンダーごとに独自規格で製造してきた製品を統一規格にすることによって、ユーザー側がどのベンダーの機器を使用してもネットワークを構築できるようにする、というものでした。これによって、ユーザーの利便性は大きく向上することになります。

　一般に、このような「統一された規格・仕様」のことをスタンダード（standard：標準）と呼びます。そして、ネットワークにおけるスタンダードとして構築されたものがネットワークモデルです。

MEMO 統一規格

ネットワーク以外の統一規格には、DOS/VパソコンのCPUやメモリーなどの規格、ブルーレイディスクの規格、JPEGやPNGなどの画像フォーマット規格などがあります。

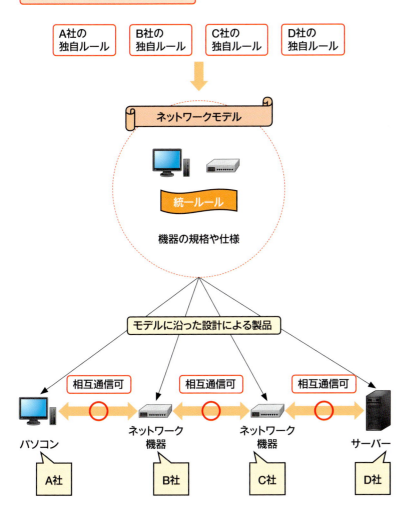

Hint 現在の状況

現在では、互換性のない規格は少ない状態です。過去の例でいえば、Appleの通信規格AppleTalkなどが独自規格です。

第3章 ネットワークモデルを知ろう

Section 02 OSI参照モデルを知ろう

覚えておきたいキーワード
- ISO
- OSI参照モデル
- 層(レイヤー)

国際的なスタンダードを決定する機関が、ISO (International Organization for Standardization) です。この機関がスタンダードとして構築したネットワークモデルが、OSI (Open Systems Interconnection) 参照モデルです。

1 ISOとOSI参照モデル

スタンダードを構築することを標準化と呼びますが、国際的な標準化を行っている機関がISOです。このISOはさまざまな規格・仕様を標準化しており、ネットワークの標準化も行おうとしました。そのときに作成したものがOSI参照モデルです。

OSI参照モデルは、ネットワークで行われるデータ通信に必要となる手順や機能を7つに分割し、それを階層化したモデルです。この7つの手順や機能は層(レイヤー:layer)と呼ばれ、それぞれの層には名前と番号が付けられています。

OSI参照モデル

層の番号	名前
第7層	アプリケーション層
第6層	プレゼンテーション層
第5層	セッション層
第4層	トランスポート層
第3層	ネットワーク層
第2層	データリンク層
第1層	物理層

Keyword OSI

OSIとは、ISOがネットワークの統一規格化のために作り出した組織です。OSI参照モデルだけでなく、これをもとに作られたプロトコル(OSIプロトコル)があります。

Keyword 参照モデル

参照モデルとは、システムにおいて、なんらかの目標やアイデア、構成するものの関連性をわかりやすく図式化したもののことです。教育目的などに使われます。

Hint ISOのその他の規格

ISOの規格には、OSI参照モデル以外にも、ISO 9000シリーズと呼ばれる品質管理、ISO 14000シリーズの環境保護などがあります。

❷ OSI 参照モデルにおけるデータ処理の流れ

　実際に通信が行われる流れを OSI 参照モデルに当てはめてみると、まず、通信を行う側（＝送信する側）は最上位の第 7 層から順に最下位の第 1 層まで、それぞれの層の機能を処理します。これら 7 つの機能を順に実行することでデータが送信され、一方の受信側はそのデータを第 1 層から第 7 層の順に処理することでデータを受信します。

　つまり、OSI 参照モデルの 7 つの層は、ユーザーや Web ブラウザーなどの操作する側が上位にあり、実際の信号の伝達を行う機械側が下位にあるということになります。

　なお、7 つの層はそれぞれ独立した機能を持っており、ほかの層に干渉されることはありません。それぞれ独立した機能を順に実行することで、データの送受信が行われるのです。

MEMO 上位層・下位層

OSI 参照モデルでは、1〜4 層を「下位層」、5〜7 層を「上位層」と呼ぶことがあります。

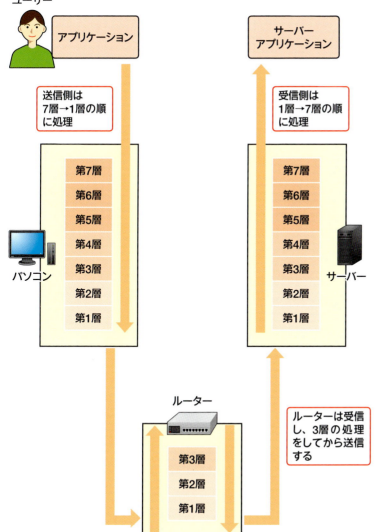

MEMO ルーターの役割

図でルーターが第 1 層から第 3 層まで持つのは、ルーターは第 3 層の役割を持つ機器のためです。4〜7 層はその役割として持たないため、図にはありません。

Section 03 プロトコルとは？

第3章 ネットワークモデルを知ろう

覚えておきたいキーワード
» プロトコル
» プロトコルスイート
» TCP/IPプロトコルスイート

OSI参照モデルでは、それぞれの層ごとになすべき機能と手順があります。この機能と手順を実行するために必要なルールのことを、プロトコル（protocol）と呼びます。プロトコルは、通信を行う機器や中継する機器などすべてが同一のものである必要があります。

1 プロトコルは通信の機能を果たすためのルール

　OSI参照モデルは、通信全体のモデルを7つの層に分割しています。それぞれの層には機能と手順を実行するためのルールがあり、これをプロトコルと呼びます。

　プロトコルは、具体的にいくつかの物事を決めています。たとえば、データを送る際に付加する通信に必要なデータの中身や、そのデータの構造を決めています。ほかにもデータをやりとりする際の手順（たとえば、「Aというデータを受信したらBというデータを送り返す」など）を決めています。

MEMO プロトコルの意味

本来のプロトコルは、規定や議定書などの意味で使われます。外交儀礼とその手順、外交の議定書などで使われる言葉です。

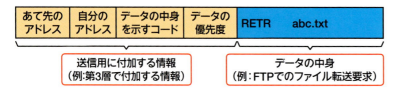

「データの中身や付加する情報」を決めている

| あて先の アドレス | 自分の アドレス | データの中身 を示すコード | データの 優先度 | RETR　　abc.txt |

送信用に付加する情報（例：第3層で付加する情報）
データの中身（例：FTPでのファイル転送要求）

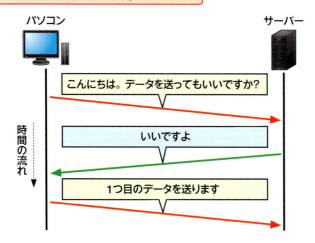

「データをやりとりする際の手順」を決めている

パソコン　　　　サーバー

こんにちは。データを送ってもいいですか？
いいですよ
1つ目のデータを送ります

時間の流れ

MEMO RETR

図にあるRETRは、FTP（File Transfer Protocol）で使用される命令です。ファイルのダウンロード命令がRETR、アップロード命令がSTORとなります。

❷ 複数のプロトコルをまとめたものがプロトコルスイート

　プロトコルは、OSI参照モデルの各層の役割ごとに存在するため、通信全体には複数のプロトコルが必要になります。この複数のプロトコルは、通信のモデルを設計する際の思想・体系のもとにまとめられ、プロトコルスイート（Protocol Suite）と呼ばれます。

　通信を行う機器や、データを中継する機器、回線など、ネットワークを構築するものはすべて、同一のプロトコルスイートに対応していなければなりません。そうでなければ、通信する相手と異なるルールで動くことになってしまい、通信を行うことができなくなります。

　現在、インターネットを含む多くのネットワークで使用されているプロトコルスイートは、TCP/IPプロトコルスイートです（Section 12を参照）。

> **MEMO　TCP/IPプロトコルスイートの名前**
> このプロトコルスイートで使用されているプロトコルの中でも重要なTCPとIPの名前から、TCP/IPプロトコルスイートと呼ばれています。

同じプロトコルスイートを使っている機器間でのみ通信可能

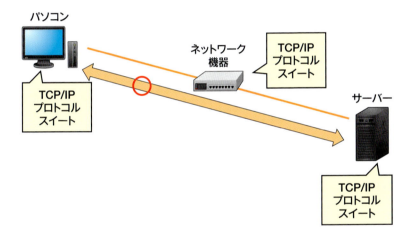

プロトコルスイートが異なると機器間で通信ができない

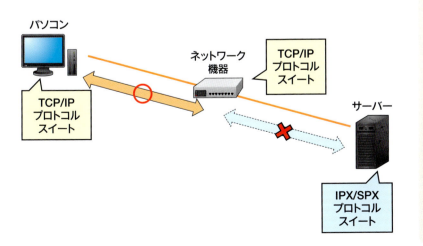

> **MEMO　スイートの意味**
> スイート（Suite）は、「ひとそろい」の意味で、「スイートルーム」のスイートです。オフィスで使用するワープロや表計算などのソフトをまとめたものを「オフィススイート」と呼びます。

第3章 ネットワークモデルを知ろう

Section 04 カプセル化とは？

覚えておきたいキーワード
- カプセル化
- ヘッダーとトレーラー
- PDU

ネットワークでデータをやりとりする際には、送信するデータそのものだけでなく、通信を行うために必要なデータが付加されます。これはOSI参照モデルの各層にあるプロトコルごとに順次追加されていきます。このことをカプセル化（encapsulation）と呼びます。

1 通信に必要な情報を付加するカプセル化

ネットワークでデータをやりとりする際には、送信するデータ以外にも通信自体に必要な情報があります。通信に必要な情報のうち、データの先頭に付けるものをヘッダー（header）、データの末尾に付けるものをトレーラー（trailer）と呼びます。また、ヘッダーとトレーラーを付加することをカプセル化と呼びます。

データにヘッダーとトレーラーが付加された「通信データ」そのものの状態を、PDU（Protocol Data Unit）と呼びます。もしくは、パケット交換方式で運ばれるものなので、パケットとも呼ばれます。

OSI参照モデルでは、それぞれの層でカプセル化が行われるため、どの層のPDUかを区別するために、L2PDU（レイヤー2PDU）、L3PDU（レイヤー3PDU）のように層の番号を付けて識別します。

Hint カプセル化の意味

カプセル化とは、送信したいデータに対してヘッダーやトレーラーの付加情報を追加していくことです。ヘッダーとトレーラーという「カプセル」にデータを閉じ込めるのでこの呼び名があります。

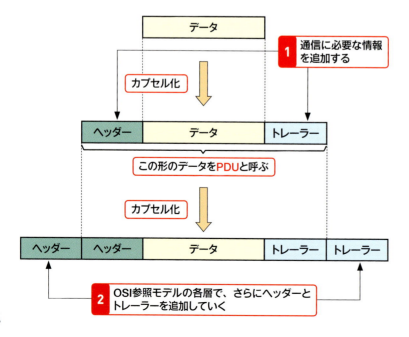

MEMO ヘッダーとトレーラーの情報

ヘッダーとトレーラーの情報として、あて先や送信元のアドレス、データの中身、エラーチェックの情報などが入ります。これらはプロトコルによって決まります。

2 カプセル化とデカプセル化

　ユーザーやアプリケーションによって送信したいデータが作成されたあと、OSI 参照モデルの手順に従ってデータは送信されます。この際、7 層から順に 1 層の処理が行われますが、それぞれの層でそのプロトコルに従って、カプセル化が行われます。

　このとき、上位の層で作られた PDU が、下位の層でさらにカプセル化されることになります。つまり、ヘッダーとトレーラーはいくつもデータに付加されていくことになります（左ページの図を参照）。

　また、あて先や中継機器に届いた PDU は、1 層から逆順で処理されていきますが、それぞれの層のプロトコルに従って、ヘッダーやトレーラーを外して上位の層に渡すことになります。この処理をカプセル化の反対で、デカプセル化（decapusulation）と呼びます。

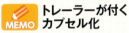

トレーラーが付くカプセル化

一般的には、トレーラーが付くのは第 2 層のカプセル化だけです。ただし、セキュリティ規格の IPSec の ESP のようにトレーラーを使用するプロトコルもあります。

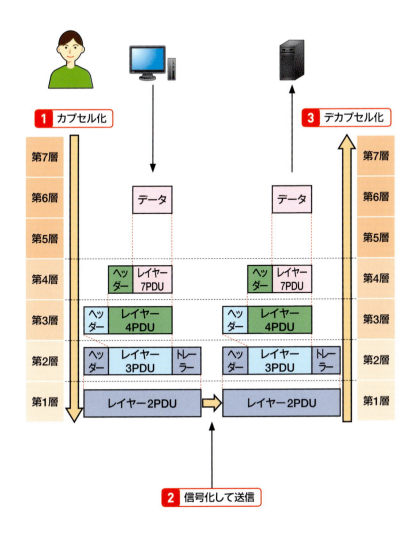

トレーラーの意味

トレーラー（trailer）は「あとに付くもの」「引きずるもの」の意味で、何かの後ろに付けるものです。車両のトレーラーなどと同意義です。

第3章 ネットワークモデルを知ろう

Section 05 物理層の役割を知ろう

覚えておきたいキーワード
≫ NIC
≫ ONU
≫ モデム

OSI参照モデルの最下層は、第1層の物理層です。物理層はデータ通信の実体を担う層として、データを信号化し、それを回線に流します。つまり、実際に「通信としての伝達」を担う層であり、電気的・機械的な役割を担っています。

1 電気的・機械的な通信の機能を担う

物理層は主として、電気的・機械的な通信の機能、つまり信号の伝達を担っています。その役割は大きく2つに分けることができます。1つ目は、「コンピューターの持つデータを回線へ流す」という役割です。

コンピューターは、信号を発信する装置（送信機）と、信号を受信する装置（受信機）を持ちます。通常、これは1つの装置としてまとめられ、インターフェイスとしてコンピューターに接続されています。LAN回線の場合はNIC（Network Interface Card）がこれに当たります。NICは、LANカードやLANボードとしてパソコンに内蔵されています。

WAN回線の場合は、ONU（Optical Network Unit）や、モデム（MOdulator DEModulator）がそれに当たります。

 ONU

ONUは光回線終端装置のことです。光ファイバーの回線で、光信号と電気信号の変換や、複数の信号をまとめたり分割したりする処理（多重化）を行います。

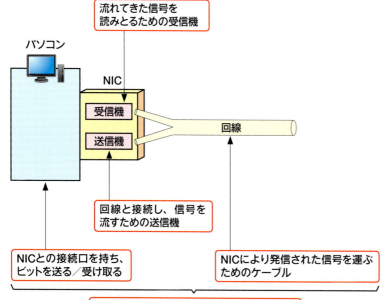

 モデム

モデムは、アナログ電話線に接続するために使用する機器です。パソコンのデジタル信号をアナログに変換するモデュレーター、その逆を行うデモデュレーターの頭文字から名前が付いています。

❷ 回線に発信された信号を伝達させる

物理層のもう1つの役割は、「回線に発信された信号を回線を通じて伝達させる」ということです。

物理層では、ビットを信号に変換するためのルールや、その信号の形や電圧、間隔などの信号関係のルールを規定しています。また、信号を運ぶ回線（ケーブルの種別やその規格）や、回線に信号が流れて伝達していく際の問題などを規定しています。

つまり物理層によって、信号となったビットが機器と機器の間を実際に伝わることになります。物理層よりも上の層では、そのために必要な処理を行っています。

> **MEMO ケーブルの種類**
>
> ケーブルは大きく分けて、銅線を使うケーブルと、光ファイバーを使うケーブルの2種類がネットワークで利用されます。

信号のルールを規定する

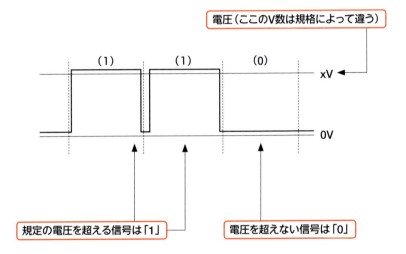

物理層の役割

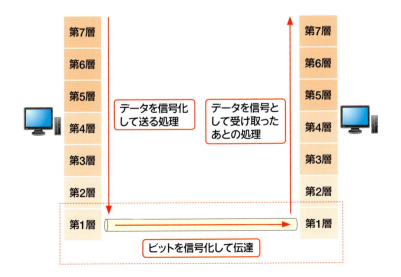

> **Hint イーサネットが主流**
>
> 第1層と第2層の規格として、有線LANではイーサネットが主流です。詳細は、第4章のSection 04で説明しています。

第3章 ネットワークモデルを知ろう

Section 06 データリンク層の役割を知ろう

覚えておきたいキーワード
》同期通信
》衝突
》セグメント

データリンク層は、回線が直接つながっている機器間でデータを届けるために必要とされる処理を行います。つまり、回線がつながっている「隣接機器」間で、物理層により信号が回線上を流れる際に、「必要な前処理や後処理」を行う役割を果たします。

1 データリンク層で扱う範囲とは

データリンク層の機能が及ぶのは、「回線がつながっている」範囲内のみです。これはセグメント（segment）と呼ばれる範囲になります。

セグメントは、機器から機器の間であり、ルーターを境界として分断されます（ハブやスイッチ、無線LANブリッジなどを使用していても、同一のセグメント内とみなされます）。この範囲内でのデータの送受信がデータリンク層の役割です。データリンク層では、セグメント内でのあて先と送信元を決めるための処理や、信号のやりとりのための処理などを行います。

Keyword　無線LANブリッジ

無線LANブリッジは、一般的に無線LANと有線LANをつなぐ際に使用される機器です。役割的にはスイッチと同じです。詳細は、第4章のSection 06で説明しています。

データリンク層で扱う範囲は、ルーターで区切られた範囲（セグメント）

ハブやスイッチ、無線LANブリッジなどを使用していても、同一のセグメント内とみなされる

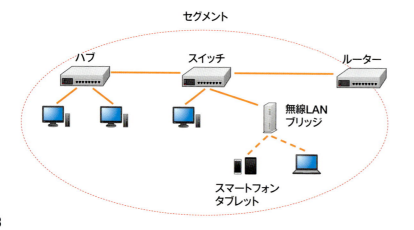

Keyword　ハブ

ハブはケーブルをまとめてつなげる集線装置のことで、マルチアクセスネットワークを作ります。ハブはそれ以外の機能を持ちません。現在では、高度な機能を持ったスイッチ（スイッチングハブ）が使われるようになっています。

② 信号を届けるために必要な処理を行う

　データリンク層は、回線がつながっている機器間で、物理層で信号が流れる際に必要な処理を行います。

　まず信号を送受信するタイミングを合わせる処理があります。これは同期通信と呼ばれる処理で、実際のデータとなる信号を送る前に、「信号のタイミングを合わせる信号」を送ることで行います。

　また、同時に複数の機器から信号が送信されると、回線上で衝突が発生する場合があります。そのため、マルチアクセスネットワークを使用するLANでは、これを防ぐために送信を制御する必要があります。これをアクセス制御といい、この役割を担っているのがデータリンク層です。

Keyword CSMA/CD方式

CSMA/CD方式は、イーサネットで採用されているアクセス制御方式です。タイミングをずらして送信し、衝突が起きた場合はやり直すことで衝突を防ぎます。ただし、スイッチなどが高度な通信制御を行うようになったため、現在ではほとんど使われなくなっています。

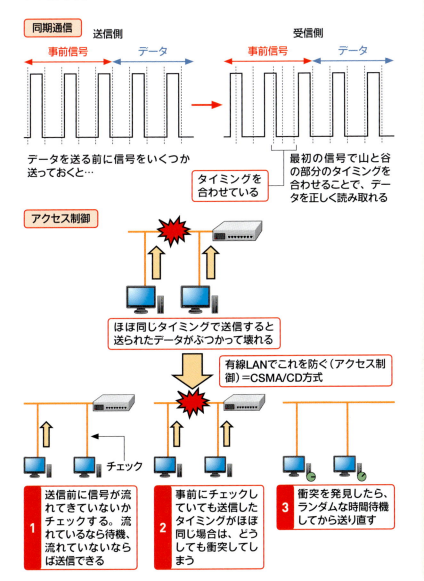

Keyword CSMA/CA方式

有線LANのCSMA/CD方式に対し、無線LANではCSMA/CA方式を使います。CSMA/CA方式では事前に送信することを伝えることで衝突を防ぎます。

第3章 ネットワークモデルを知ろう

Section 07 ネットワーク層の役割を知ろう

覚えておきたいキーワード
- ネットワーク
- インターネットワーク
- ルーティング

データリンク層でセグメント内の通信の処理をしたうえで、セグメントどうしで通信を可能にし、より広い範囲での通信を行うための処理がネットワーク層の役割です。そして、ネットワーク層で扱う範囲がインターネットワーク(internetwork)です。

1 ネットワーク層で扱う範囲とは

ネットワーク層では、ネットワークという単位が使用されます。ネットワークはコンピューターのグループのことです。このネットワークという単位は階層型になっており、いくつものネットワークをまとめて大きなネットワークという単位にできます。たとえば、町というネットワークがあり、それがまとまって区というネットワーク、さらにそれが集まって市というネットワークができるようなものです。

ネットワーク層では、このネットワーク間でデータを送受信します。こうしたネットワークを「ネットワーク間」という意味でインターネットワークと呼びます。

最小単位のネットワークは、データリンク層のセグメントと同じ範囲です。ネットワークとネットワークはルーターでつながれます。

 インターネットワーク

一般的なインターネットは「INETERNET」「the NET」と記述される固有名詞です。「ネットワーク間」の意味で使われるインターネットワークとは異なります。

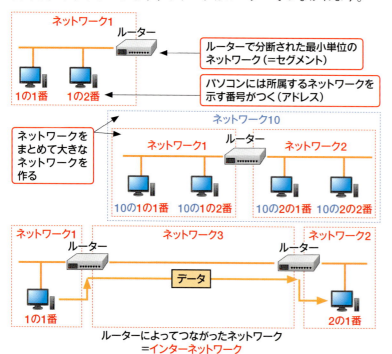

Hint ネットワークの意味に注意

第3層で使うネットワークの意味は、「コンピューターのグループ」です。通常の「コンピューターネットワーク」を示すネットワークとは意味合いが異なるので注意が必要です。

② ルーティングによってネットワーク間の通信経路を決定する

インターネットワークにおいてネットワーク層が担う重要な役割は2つあります。1つ目は、ネットワークという大きい範囲でのデータの送受信になるため、正確にあて先と送信元を識別できるように住所（アドレス）を決定する、という役割です。

そしてもう1つが、このアドレスによって決まったあて先と送信元をつなぐルーティングです。ルーティングは、複数あるネットワークからあて先までどのネットワークを経由していくかを決定します。

物理層やデータリンク層でセグメント内の機器間で通信が可能になり、さらにネットワーク層によりネットワーク（セグメント）間での通信が可能になります。よって、この1〜3層までででコンピューターからコンピューターまでデータが届くことになります。

 ルーティング表

あて先のネットワークにたどり着くには次にどこへ行くかを決定するために、ルーターはそれぞれがルーティング表を持っています。

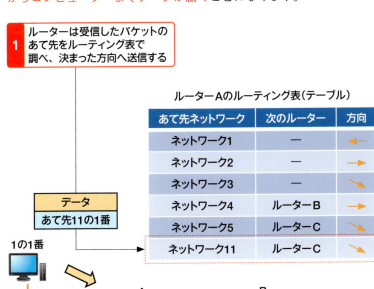

 図の「方向」について

図では「方向」が矢印で示されていますが、これは便宜上の表現です。実際は、送信するインターフェイスを示します。

デフォルトゲートウェイ

コンピューターが自分のネットワークの出入り口として指定するルーターのことをデフォルトゲートウェイといいます。コンピューターは別ネットワークへデータを送信する場合、このルーターを最初の中継先として指定します。

第3章 ネットワークモデルを知ろう

Section 08 トランスポート層の役割を知ろう

覚えておきたいキーワード
» 確認応答
» エラー回復
» ポート番号

ネットワーク層までで、コンピューターとコンピューターとの間でデータを届けることができるようになります。トランスポート層では、届いたデータのエラーを失くす処理や、コンピューター内のどのアプリケーションに届けるかを決定する処理を行います。

1 データを確実に送受信するための処理を行う

1～3層までの機能により、送信元のコンピューターからあて先のコンピューターまでデータが届きます。その上の階層であるトランスポート層には、データが正しく届いたかどうかを確認する役割があります。

トランスポート層では、分割されて送られるデータに、それぞれ番号を付けます。あて先である受信側は、データが届いたら、次に受信する番号を返答します。これを確認応答と呼びます。

また、この確認応答が届かなかった場合などには、そのデータが届いていないことを示すため、再度送り直す処理を行います。これをエラー回復と呼びます。

MEMO データには番号を付ける

送信するデータに付ける番号のことを、シーケンス番号と呼びます。これを使うことで、どこまでデータを送信したかがわかります。詳細は、第4章のSection 12で説明しています。

1 送信するデータを分割する

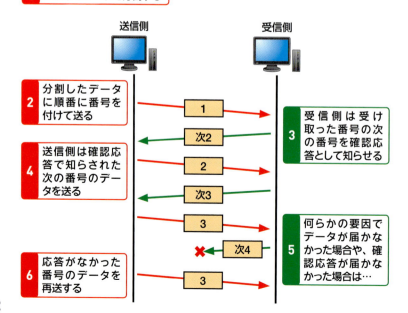

2 分割したデータに順番に番号を付けて送る

3 受信側は受け取った番号の次の番号を確認応答として知らせる

4 送信側は確認応答で知らされた次の番号のデータを送る

5 何らかの要因でデータが届かなかった場合や、確認応答が届かなかった場合は…

6 応答がなかった番号のデータを再送する

Keyword 確認応答

確認応答は、受信を示すための通信です。データが届いたら、次に受信するデータのシーケンス番号を入れて送ることで、どこまで受信したかを送信側に伝えることができます。

❷ ポート番号でアプリケーションを識別する

　たとえばパソコンで Web ページを要求する場合、データの送信側は Web ブラウザー、受信側は Web サーバーアプリケーションとなります。つまり、データのあて先はコンピューターそのものではなく、その中で稼動しているアプリケーションということになります。

　通常、コンピューターの内部では複数のアプリケーションが稼動しています。そのため、コンピューター内部のどのアプリケーションがデータを送信し、受信するのかという識別が必要となります。これがないと、たとえば Web ブラウザーが受け取るべきデータをメールソフトが受け取ってしまう、などの問題が発生する可能性があります。

　トランスポート層では、これを識別するために、ポート番号という値を使用します。ポート番号は、送信するデータのヘッダーに追加されます。

> **Hint 使用が決まっているポートもある**
> ポート番号のうち1〜1023番は、使用するプロトコルが決まっている番号で、ウェルノウンポートと呼ばれます。HTTPの80番などが代表的です。

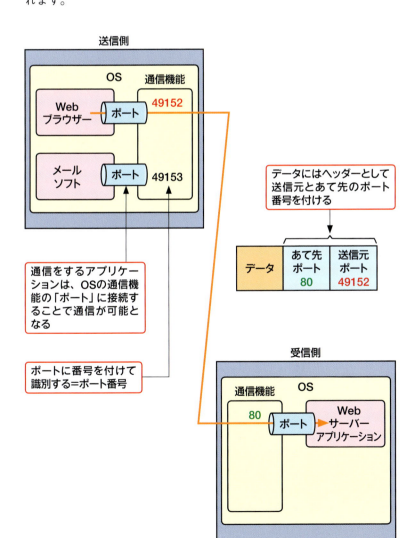

> **Keyword ソケット**
> ソケットは、IPアドレスとポート番号の組を指す言葉です。また、ポート番号の決定と通信アプリケーションの接続をOSの機能としてソケットと呼ぶ場合もあります。

第3章　ネットワークモデルを知ろう

Section 09 セッション層の役割を知ろう

覚えておきたいキーワード
≫ セッション
≫ セッション制御
≫ セッションID

トランスポート層までの機能で、あて先のアプリケーションまでデータが届くことになります。しかし、データを届けること以外にも、データを送る順番などに関するルールが必要です。これを定めるのがセッション層です。

① セッションとは

アプリケーション間でデータを送受信する際には、たとえば、まずユーザーIDを送り、次にパスワードを送ったあと、本データを送る、というような複数種類のデータをやりとりする必要があります。このとき、各データをバラバラに送るとやりとりが成り立たなくなります。そのため、データは決められた順番で送られなければいけません。また、送信側と受信側では、送信側が送ったあとに受信側が送り返す、というような取り決めも大事です。

このように、送信側と受信側でのデータのやりとりは会話のようなものといえます。そして、この会話の最初から最後までの1組のやりとりをセッションと呼びます。

 セッション

セッションとは「会話・会合や授業などの一連の流れ・手続き」のことで、ネットワークでは多くの場合、通信の開始から終了までのことを指します。

また、暗号化通信では、同一の暗号化鍵を使って通信する一連のデータの送受信をセッションと呼ぶ場合もあります。

 ログインセッションとは

ユーザーがコンピューターを使用するためにログインし、ログアウトするまでのことをログインセッションと呼びます。

❷ セッションが成り立つように制御する

　セッション層では、セッションを制御するセッション制御を行っています。
　セッション制御では、「会話」としてデータのやりとりが成立するように、たとえばパスワード要求を行ったらパスワードを受信するのを待つ、ユーザIDを要求してから次にパスワード要求を送る、などの制御を行います。これを行うことで、通信を行う2台の同期を制御しています。
　また、セッション層では、セッション全体で使用するものも決定しています。たとえば、データを盗聴されないように暗号化する場合には、その暗号化の方式を決めています。ほかにも、セッションを識別するためにセッションIDを決めたりしています。

Keyword　セッションID

セッションIDとは、セッションを識別するために、セッションごとに付けられるIDです。これがないと、データのやりとりが同一のセッションなのか、別のセッションなのか識別ができません。

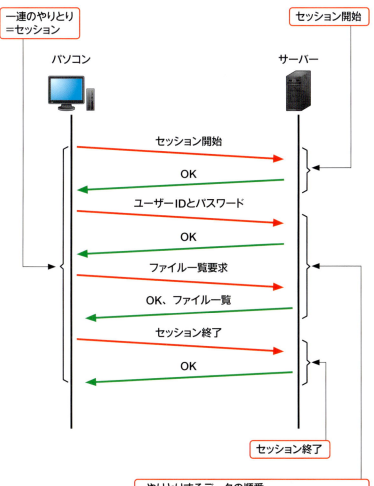

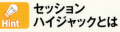

Hint　セッションハイジャックとは

やりとりしている機器の外から、セッションを奪い取るセキュリティ侵害のことを、セッションハイジャックといいます。セッションIDが予測しやすい値などの場合などに発生する可能性があります。

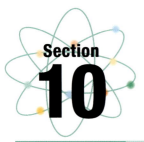

第3章 ネットワークモデルを知ろう

Section 10 プレゼンテーション層の役割を知ろう

覚えておきたいキーワード
» コードの統一化
» データフォーマット
» 暗号化・圧縮

通信を行うコンピューターでは、さまざまなOSが使用されています。そのため、文字の取り扱いや、データの取り扱いなどが異なる場合があります。この違いを吸収し、統一したデータのやりとりを可能とするのがプレゼンテーション層です。

1 正しい通信のために文字コードの統一化を行う

通信を行うコンピューターどうしでは、OSの種類が同一でないことがあります。OSが異なると使用される文字コードが異なる場合があり、文字コードが異なれば、アプリケーションに送る命令に使用する文字が正しく認識できなくなったりします。

そのため、プレゼンテーション層では、通信に使用する文字コードを統一化しています。アプリケーションやOSが使用する文字コードが異なっても、通信で送受信する前段階として文字コードの変換を行うことで、共通の文字コードを使用した通信を実現します。

MEMO 文字コードの種類

日本語の文字コードには、Shift-JIS、UTF-8、EUC-JPなどが使用されています。Windowsでは、Shift-JISを独自に拡張したCP932が標準の文字コードとして使用されています。

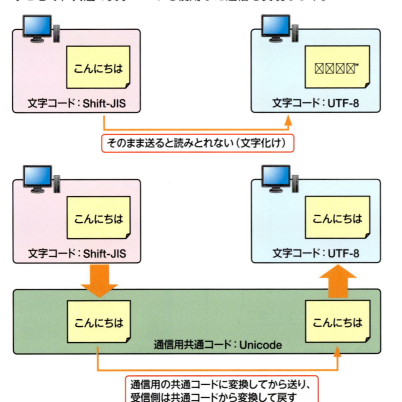

 Keyword 文字化け

文字化けとは、文字が受信側で文字を正しく表示できないことです。その発生理由としては、使用している文字コードが異なる場合や、非対応の文字コードを使用してしまっている場合、通信用コードへの変換がうまくいかない場合があります。

② データのフォーマットの統一化を行う

　プレゼンテーション層では、文字コード以外でもデータのフォーマットの調整や決定を行い、異なる機器どうしのやりとりを可能にしています。たとえば、通信を行うコンピューターどうしで使用できる画像ファイルの形式を伝えあうことで、通信で使用するファイルフォーマットを決定したり、メールなどでは添付しているファイルの形式を伝えています。
　さらに、データを送信する前に暗号化を行ったり、事前にデータを圧縮してデータの送信量を減らしたりするのも、プレゼンテーション層の役割です。

Hint　TCP/IPでのプレゼンテーション層

実際にインターネットで使われているプロトコルでは、プレゼンテーション層はアプリケーション層と区別されず、1つのプロトコルとしてまとめられています。詳細は、第4章のSection 15で説明しています。

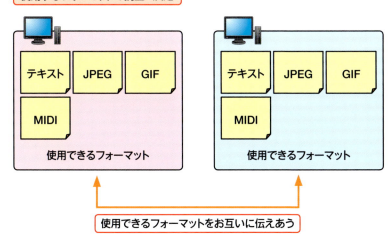

使用するフォーマットの調整・決定

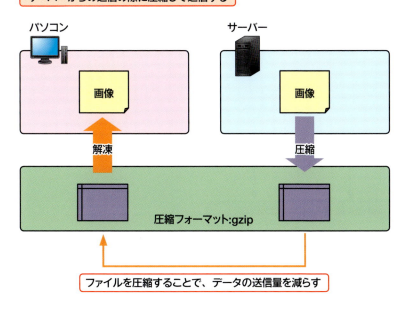

サーバーからの送信の際に圧縮して送信する

Hint　JPEGについて

画像フォーマットそのものに圧縮がかけられているJPEGなどのフォーマットもあります。そのため、JPEGはZIPで圧縮してもサイズがあまり変化しません。

第3章 ネットワークモデルを知ろう

Section 11 アプリケーション層の役割とOSI参照モデルのまとめ

覚えておきたいキーワード
» ネットワークサービス
» アプリケーションプロトコル
» 下位層、上位層

アプリケーション層はOSI参照モデルの最上位の層であり、この上位はユーザーや具体的なアプリケーションとなります。アプリケーション層は、ユーザーやアプリケーションに対して、ネットワークによるデータ通信を提供する層になります。

1 ネットワークサービスを提供する

ユーザーがネットワークを利用するのは、データ通信によって何らかの希望をかなえるためです。この立場を入れ替えて考えれば、ネットワークはユーザーに対してネットワークサービスを提供する側となります。

アプリケーション層はOSI参照モデルの最上位に位置し、ユーザーが希望するさまざまなネットワークサービス（たとえば、Webブラウジング、メール転送、ファイル転送、音声通信など）を提供する役割を担ってます。そして、サービスごとに具体的なサービスを提供する複数のプロトコル（たとえばメールなら、SMTP、POP、IMAP）が決められています。これらはアプリケーションプロトコルと呼ばれます。

 SMTP

SMTPはメールの送信や転送を行うためのプロトコルです。メールソフトから、あて先のメールボックスまでメールを転送する役割を担います。

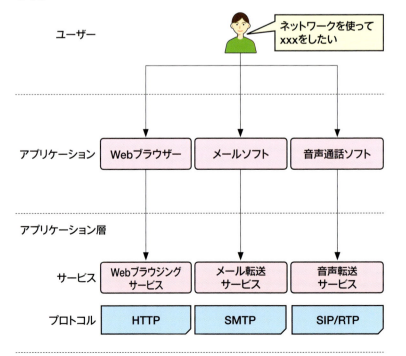

 SIP/RTP

SIP（Session Initiate Protocol）、RTP（RealTime Protocol）は主に音声通信で使うプロトコルです。詳細は、第8章のSection 03で説明しています。

② OSI参照モデルのまとめ

　OSI参照モデルの7層では、それぞれが役割を担っています。大きく分けると、データをコンピューターまで届ける役割を担う「物理層」「データリンク層」「ネットワーク層」、届いたデータをOSや通信アプリケーションが処理を行い、ユーザーやアプリケーションに渡す役割を担う「トランスポート層」「セッション層」「プレゼンテーション層」「アプリケーション層」があります。

MEMO 上位層・下位層

OSI参照モデルでは、1～3層を「下位層」、5～7層を「上位層」として区別することがあります。また、上位と下位の分類だけでなく、1～2層の下位、3～4層の中位、5～7層の上位の3つに分類する分類法もあります。

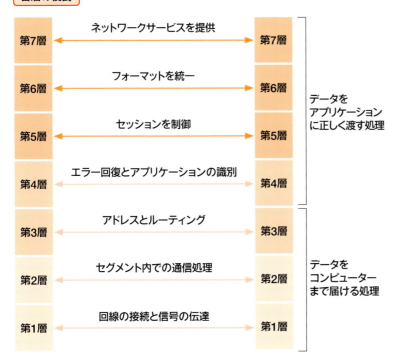

各層の役割

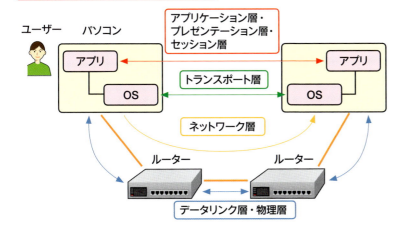

各層と機器・アプリケーションの対応関係

Hint OSI参照モデルとTCP/IPモデル

OSI参照モデルとそれをもとにしたOSIプロトコルは、TCP/IPモデルやプロトコルスイートが普及したため、現在ではほとんど使用されていません。OSI参照モデルを学ぶ意味や、TCP/IPモデルの関係については、Section 12を参照してください。

Section 12

第3章 ネットワークモデルを知ろう

TCP/IPモデルとOSI参照モデルの関係

覚えておきたいキーワード
» デファクトスタンダード
» TCP/IPモデル
» TCP/IPモデル4層

現在のネットワークのスタンダードとして使用されているプロトコルスイートは、TCP/IPプロトコルスイートです。これはOSI参照モデルとは別のTCP/IPモデルと呼ばれるネットワークモデルをもとにして作られています。

1 TCP/IPモデルはデファクトスタンダード

OSI参照モデルは、標準化機関であるISOによって定められたネットワークモデルではありますが、結局普及するには至りませんでした。OSI参照モデルが普及する前に、事実上の標準(デファクトスタンダード：De-fact Standard)として普及したのがTCP/IPモデルです。OSI参照モデルとTCP/IPモデルは基本的にはまったく別に作られたモデルですが、ネットワークの基礎として同じような形式となっています。

現在はTCP/IPモデルに沿ったプロトコルや機器が実装され、それを使うことが多いですが、OSI参照モデルは「ネットワークのしくみ」を説明するために非常に優れており、また、ネットワークを学習するためにも役立つモデルです。そのため、OSI参照モデルを基礎として学習をすることが一般的になっています。

TCP/IPモデルの成り立ち

もともとは、TCPが最初に作られ、そこから役割や機能によりUDPとIPに分割されました。モデルもそこから作られています。

TCP/IPモデル

番号	名前	代表的なプロトコル
第4層	アプリケーション層	HTTP、SMTP、DHCP、DNS、FTP、SIP、POP3…
第3層	トランスポート層	TCP、UDP
第2層	インターネット層	IP、ICMP、ARP
第1層	アクセス層	イーサネット、PPP、IEEE802.11…

デファクトスタンダード

デファクトスタンダードとは、ISOなどの標準化機関が正式に決めた標準ではなく、その規格や機器が広く普及して多くのベンダーやユーザーがそれを利用しているため「標準ではないが事実上標準のようになっている」ものを指します。ネットワーク以外では、DOS/Vパソコンや、QWERTY配列のキーボード、家庭用ビデオのVHSなどが代表例です。

❷ TCP/IPモデルとOSI参照モデルの対応関係

　TCP/IPモデルの4層は、一般的にOSI参照モデルの「アプリケーション層」「プレゼンテーション層」「セッション層」が「アプリケーション層」に相当し、「トランスポート層」は「トランスポート層」、「ネットワーク層」は「インターネット層」、「データリンク層」「物理層」は「アクセス層」に相当します。ただし、OSI参照モデルとTCP/IPモデルの層の区分はまったく同じではなく、いくつかのTCP/IPのプロトコルでは、複数の層の役割を担っていることがあります。

　また、アクセス層のプロトコルは、厳密にはTCP/IPプロトコルスイートには含まれません。アクセス層のプロトコルは、TCP/IPを利用できる規格やプロトコルであれば、どれでも使用できます。

> **MEMO アクセス層のプロトコル**
> アクセス層では、イーサネット、PPP、無線LANなどのTCP/IPを上位として使用することが前提となっているプロトコルを使用できます。

両モデルの対応関係

OSI参照モデル		TCP/IPモデル	
第7層	アプリケーション層	第4層	アプリケーション層
第6層	プレゼンテーション層		
第5層	セッション層		
第4層	トランスポート層	第3層	トランスポート層
第3層	ネットワーク層	第2層	インターネット層
第2層	データリンク層	第1層	アクセス層
第1層	物理層		

> **Hint 規格とプロトコルの違い**
> 規格は、標準化された機器の仕様や通信の要件を指します。プロトコルは通信のルールで、標準化されたものも、されていないものも含まれます。一般的にはOSI参照モデルの第1層・第2層のものは規格で決められているものが多いです。

両モデルの違い

	OSI参照モデル	TCP/IPモデル
策定団体	ISO	IETF
層の数	7層	4層
プロトコルの対応	TP CLNP	TCP・UDP IP

> **Hint 複数の層の役割を担うプロトコルの例**
> TCP/IPモデルのプロトコルとして、インターネット層のARPがありますが、このプロトコルはOSIの3層と2層にまたがる役割を持つプロトコルです。

標準化を行う団体について

　第3章ではOSI参照モデルについて説明しました。OSI参照モデルを作ったのはISO（国際標準化機構：International Organization for Standardization）で、ISOは、ネットワークだけでなく工業分野の国際規格を扱う標準化団体です。

　ネットワークの標準化団体は、ISOだけ、というわけではありません。いくつかの団体がネットワークに関連する標準規格を作っています。ここでは、代表的なものをいくつか説明しましょう。

　IEEE（The Institute of Electrical and Electronics Engineers：電気電子学会）は、電気工学からの通信・電子などの規格を決めています。ネットワークでは、主にLAN規格を定めている団体として出てきます。LAN規格は、IEEEの802委員会が定めているため、IEEE802の番号を持つ規格になります。IEEE802.3がイーサネット、IEEE802.11が無線LAN、などです。

　ITU（International Telecommunication Union：国際電気通信連合）は無線通信と電気通信に関する国際連合の団体です。そのうち電気通信部門（ITU-T）がネットワークに関連する部門で、その規格はITU-T勧告と呼ばれます。その勧告は符号化、光通信、xDSL、マルチメディア通信、電話、モデムなど多岐にわたります。

　ANSI（American National Standards Institute：アメリカ国家標準化協会）は、アメリカ合衆国の非営利団体で、アメリカ国内の工業分野の標準化を担っています。日本でいうJISのようなポジションです。文字コードやC言語など、コンピューター分野にも関係が深い団体です。

　IETF（The Internet Engineering Task Force：インターネット技術タスクフォース）は、インターネットでの技術の標準化団体です。IETFはRFC（Request for Comments）という公開文書を発行しており、これが事実上インターネット技術の標準となっています。

　インターネット関連としては、Web関連の技術の標準を決めている、W3C（World Wide Web Consortium）があります。Webページの記述言語であるHTMLなどの規格を定めています。

　ほかにも、日本国内での標準化団体としてJISC（Japanese Industrial Standards Committee：日本工業標準調査会）などがあります。

　ネットワークに出てくる規格などを調べる場合は、これら標準化団体のWebサイトなどで調べることができます。

> **標準化団体のWebサイト**

- ISO（国際標準化機構：International Organization for Standardization）
  http://www.iso.org/
- IEEE（The Institute of Electrical and Electronics Engineers：電気電子学会）
  http://www.ieee.org/
- ITU（International Telecommunication Union：国際電気通信連合）
  http://www.itu.int/
- ANSI（American National Standards Institute：アメリカ国家標準化協会）
  http://www.ansi.org/
- IETF（the Internet Engineering Task Force：インターネット技術タスクフォース）
  https://www.ietf.org/
- JISC（Japanese Industrial Standards Committee：日本工業標準調査会）
  http://www.jisc.go.jp/

第4章 ネットワークモデルのプロトコルを知ろう

Section	01	物理層におけるプロトコルを知ろう
Section	02	ハブとは？
Section	03	データリンク層におけるプロトコルを知ろう
Section	04	イーサネットとは？
Section	05	MACアドレスとは？
Section	06	スイッチとは？
Section	07	ネットワーク層におけるプロトコルを知ろう
Section	08	IPアドレスとは？
Section	09	ルーターとは？
Section	10	インターネットVPNとは？
Section	11	トランスポート層におけるプロトコルを知ろう
Section	12	TCPとは？
Section	13	UCPとは？
Section	14	セッション層におけるプロトコルを知ろう
Section	15	プレゼンテーション層とアプリケーション層のプロトコルを知ろう

第4章 ネットワークモデルのプロトコルを知ろう

Section 01 物理層におけるプロトコルを知ろう

覚えておきたいキーワード
- IEEE802
- xDSL、FTTH
- 信号

OSI参照モデルの第1層の物理層は、ビットを信号として伝達する層として、機器から回線へ、回線から機器へと伝達します。物理層のプロトコルや規格は、物理的な回線や環境に依存しています。

1 物理層のプロトコルは電気的・機械的な規格

　物理層のプロトコル(正確にいえばプロトコルではなく各種の規格)は、電気的、機械的な規格を決定しています。
　LANではIEEEという団体が、有線・無線のLANの規格を決定しています。IEEEの802委員会という組織がこの規格を決定しているため、LAN規格はIEEE802という番号を持ちます。有線ならばIEEE802.3、無線ならばIEEE802.11です。これらの規格は物理層だけでなく、データリンク層までの規格を決めています。
　WANでは、ADSLに代表されるxDSL規格や、光ファイバーのFTTHなどがあります。

回線		データリンク層	物理層	概要
LAN	有線	IEEE802.3（イーサネット）		有線LANのスタンダード規格。光ファイバー・UTPケーブルによる接続
LAN	無線	IEEE802.11		無線LANのスタンダード規格。a、b、g、n、acの5種の規格がある
WAN	電話回線	PPPoE	xDSL	電話回線のうち、音声で使用しない帯域でデータ通信を行うサービス。ADSL、SDSLなど
WAN	電話回線	PPP	ISDN	デジタル統合サービス
WAN	光ファイバー	PPPoE	FTTH	光ファイバーによる高速データ通信サービス

 IEEE

IEEE（アイ・トリプル・イー）は国際電気電子学会と訳され、電気工学分野の学会です。特に情報通信分野でIEEE1394（FireWire）などの規格を発表しています。

 IEEE802.11の規格

無線LAN規格で、aとb/gでは使用する周波数帯が異なります。また、a/gとbでは変調方式も異なります。

② 有線LANでは光ファイバーケーブルやUTPケーブルが使われる

　物理層の規格は、電気的、機械的なものを決めており、使用するケーブルの材質、ケーブルに付けるコネクタの形状、流す信号の形や電圧から始まり、使用する機器としてハブやモデム、接続するインターフェイスのピンの数などを決めています。

　たとえば、LANで使用される有線のケーブルは、光ファイバーケーブルやUTPケーブルが使用されます。一般的にはUTPケーブルがよく使用され、UTPケーブルはRJ-45と呼ばれるコネクタを使用しています。これは、電話で使用しているRJ-11コネクタと見た目がかなり似ています。

　UTPケーブルは、内部に8本の銅線を持っており、2本ペアの4組で信号を流しています。UTPケーブルはやわらかく、ケーブルの敷設面で有利なケーブルです。

　ただし、外部の電波や電流などのノイズによりケーブルを流れている電気信号の形が変わってしまうことがあります。代表的なものとしては、蛍光灯や電子レンジなどが引き起こす電磁妨害があります。ほかにも電源などの熱もノイズ（熱雑音）を引き起こします。UTPケーブルを使用する場合は、これらのノイズの発生元から離して敷設することも重要です。

 UTPケーブル

2本1組のより合わさった銅線4組で1本のケーブルとなるものを、ツイストペア（Twisted Pair）ケーブルといい、「より対線（ついせん）ケーブル」と訳されています。UTP（Unshielded Twisted Pair）ケーブルはそのうち、干渉を防ぐためのシールドを持たないケーブルのことです。

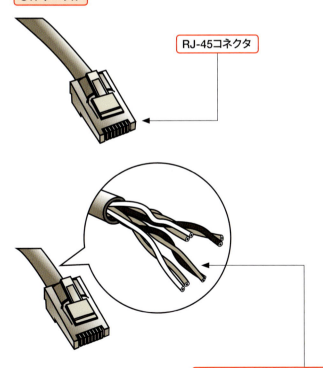

UTPケーブル

RJ-45コネクタ

1組2本で、4組8本の銅線がある。
組ごとにより合わされて（Twisted）いる

 RJ45コネクタ

RJ（Registered Jack）は通信用コネクタの規格で、UTPケーブルのコネクタとして使われます。LANで使われるRJ45、電話線を電話機につなぐためのコネクタのRJ11などがあります。

Section 02 ハブとは？

第4章　ネットワークモデルのプロトコルを知ろう

覚えておきたいキーワード
- フラッディング
- カスケード接続
- 衝突ドメイン

物理層で使用される代表的なネットワーク機器として、**ハブ**があります。ハブは**集線装置**として、LANケーブルをまとめ、つながっている機器を1つのマルチアクセスネットワークとして形成します。ただし、それ以上の役割は持っていません。

1　機器間で信号のやりとりを可能にする集線装置

　ハブは、複数のRJ-45の差し込み口（**ポート**）を持ち、ポートにLANケーブルで機器をつなげることで、**機器間での信号のやりとりを可能とする集線装置**です。

　ハブは、ある機器が流した信号を、その機器につながっているLANケーブルを通じてポートから受信し、それを（そのポート以外の）すべてのポートから別の機器へと送信します。この機能のことを、**フラッディング**と呼びます。

MEMO ハブとスイッチの区別

Section 06で説明しているスイッチがスイッチング「ハブ」と呼ばれるため、区別するために、ここで紹介しているハブをリピーターハブと呼ぶこともあります。

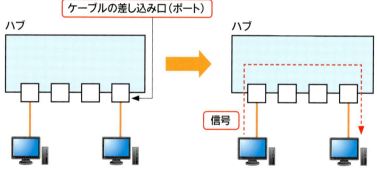

ハブのポートに、パソコンからのLANケーブルを差し込むことで、同じハブにつながっている別のパソコンに信号を送ること（データの伝達）ができる

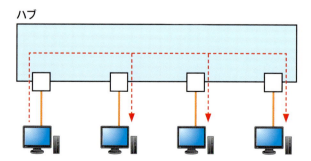

ハブは1つのポートから受信した信号を、そのポートを除くすべてのポートから別の機器へと送信する（**フラッディング**）

Keyword フラッディング

フラッディング（flooding）とは、洪水・氾濫の意味で、洪水で水が流れるようにハブのすべてのポートからデータが送信されることを指します。

② カスケード接続と衝突ドメイン

ハブは 4、8、16 などのポート数を持ちますが、これ以上の機器を接続したい場合には、ハブとハブを LAN ケーブルでつなげる**カスケード接続**を行います。

また、ハブは受け取った信号をほかへ流すという動作を行いますが、これ以外の動作をまったく行いません。そのため、**ハブでつながっている機器どうしでほぼ同時に信号を送信すると、信号が衝突します**。

つまり、ハブにつながっている機器間では信号が衝突する可能性があり、そのため通信の効率が低下します。この範囲（ハブにつながっている機器のグループ）を**衝突ドメイン**と呼び、範囲はなるべく小さいほうが通信の効率が低下せず、よいとされています。

しかし現在では、スイッチがハブの問題点である衝突ドメインを解決し、さらにハブと同じ使い方ができるため、現在ではハブはスイッチに置き換わっています（Section 06 を参照）。

> **Hint カスケードポートを持つハブもある**
> ハブには、カスケード専用のポートを持つものがあります。カスケードポートはそのためのポートで、パソコンをつなげることはできません。

カスケード接続

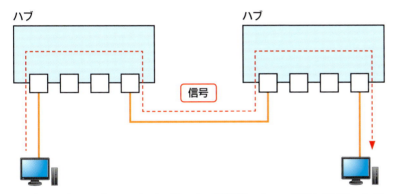

ハブどうしをケーブルでつなげる（**カスケード接続**）ことで、信号を届けることができるようになる。これにより、ハブのポート数より多いパソコンをつなげてマルチアクセスネットワークを構築する

同一のハブにつながっているこの4台は同じ衝突ドメインにある

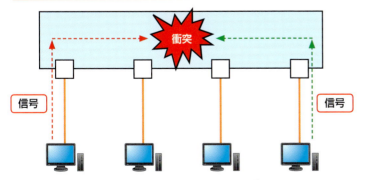

同一のハブ、もしくはカスケード接続でつながったハブに接続されているパソコンは、ほぼ同時に送信が行われると信号が衝突する。この範囲を**衝突ドメイン**と呼ぶ

> **Hint ストレートとクロスケーブル**
> LAN ケーブルには、ケーブルの両端に付けられるコネクタのピンの配置によって、ストレートケーブルとクロスケーブルの違いがあります。ハブとコンピューターをつなぐときはストレート、ハブどうしのカスケード接続にはクロスを使用します。

第4章 ネットワークモデルのプロトコルを知ろう

Section 03 データリンク層における プロトコルを知ろう

覚えておきたいキーワード
≫ イーサネット
≫ IEEE802.11
≫ PPP

LANやWANでは信号の送受信が行われますが、これは物理層の役割となります。第2層のデータリンク層では、LANやWANでの信号のやりとりの制御を行います。つまり、信号の送信前と送信後の処理を行います。

① LANではIEEE802.3とIEEE802.11の規格が使われる

データリンク層では、ネットワーク層からL3PDUを受け取り、それをL2PDUにカプセル化し、送信前に信号をどのように、どのタイミングで送信するかなどを決定します。

そのためのプロトコルや規格は、LANとWANの場合で異なります。有線LANではIEEE802.3のイーサネット（Ethernet）、無線LANではIEEE802.11規格を使用します。WANでは、ISDNを使っていたころはPPP（Point to Point Protocol）、現在のxDSLやFTTHではPPPを拡張したPPPoEを使用しています。詳しくは右ページで説明しています。

MEMO 802委員会が策定する

IEEEでLANの規格を策定する部門が802委員会です。IEEE802から始まる規格を定めています。イーサネット（802.3）、無線LAN（802.11）、LAN全体の標準規格（802.1）などがあります。

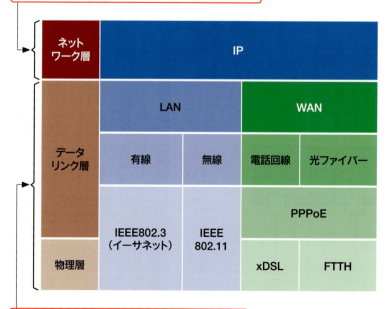

ネットワーク層から上位は、物理的な回線に依存せず、同じプロトコルを使用する

データリンク層から下位は、物理的な回線に依存し、使用するプロトコルや規格が異なる

Hint Wi-Fiとは

Wi-Fiは、メーカーの団体であるWi-Fiアライアンスが定めている規格で、IEEE802.11規格を使った機器間での接続を保証します。Wi-Fiマークが付いた機器は、メーカーが異なっていても接続が可能です。

② WANではPPP、PPPoEが使われる

　WANで一般的に使用されるプロトコルはPPPです。PPPは電話回線を使用するダイヤルアップ接続に使用されているプロトコルです。ユーザー認証や圧縮、回線監視などの機能が豊富であり、TCP/IPの利用以外にも対応し、専用線やPHSなどでも使える優れたプロトコルです。

　そのため、xDSL、FTTHのような常時接続の時代になっても、常時接続に対応したPPPoE（PPP overEthernet）として改良され、使用されています。

Keyword: PPPoE

PPPoEはADSLや光回線などで使用されるプロトコルで、イーサネットの規格を使いながら、PPPの持つ認証などの機能を持たせたWAN用プロトコルです。

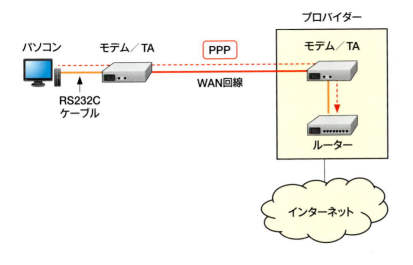

PPP：電話回線やISDNなどの「ダイヤルアップ回線」に使用されるプロトコル

Keyword: RS232C

RS232Cは、パソコンと周辺機器をつなぐためのシリアルインターフェイスです。主としてモデムとの接続に使用されていましたが、現在はUSBやIEEE1394に置き換わっています。

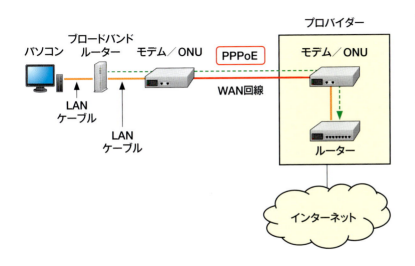

PPPoE：xDSLやFTTHでもPPPの機能を生かすために、改良されたプロトコル

Keyword: FTTH

FTTHはFiber To The Homeの略で、一般家庭向けの光ファイバーによるデータ通信網の方式のことです。主にプロバイダーへのアクセス回線として利用されています。名称ではHome（家庭）となっていますが、企業などでも使用されています。

第4章 ネットワークモデルのプロトコルを知ろう

Section 04 イーサネットとは?

覚えておきたいキーワード
≫ イーサネット規格
≫ イーサネットフレーム
≫ CSMA/CD

有線LANで使用される規格として、現在ではイーサネットが主として使われています。イーサネットは物理層とデータリンク層にまたがる規格で、物理層では信号やケーブルの規格を決めており、データリンク層ではフレームやアクセス制御方式を決めています。

① イーサネットは有線LANの規格

LANの規格を決めているIEEEでの有線LAN規格はIEEE802.3です。イーサネットはこの元となった規格（DIX-Ethernet）の名前で、現在ではIEEE802.3規格の通称となっています。

当初のイーサネットは、ハブを使用した10MbpsのマルチアクセスネットワークLANの規格として誕生しました。それが時代とともに高速化が進み、現在では100Gbpsの規格まで制定されています。一般的には、1Gbps〜40Gbpsのものが使用されています。

 bps

bpsとはビット/秒（bit per second）のことで、1秒間に転送できるビット数です。Mbpsは100万bps、Gbpsは10億bpsとなります。

代表的なイーサネットの規格

イーサネット規格		IEEE規格	通信速度	使用ケーブル
イーサネット	10BASE-T	802.3i	10Mbps	UTP
ファストイーサネット	100BASE-TX	802.3u	100Mbps	UTP
	100BASE-FX			光ファイバー
ギガビットイーサネット	1000BASE-T	802.3ab	1Gbps	UTP
	1000BASE-SX	802.3z		光ファイバー
	1000BASE-LX			光ファイバー
10ギガビットイーサネット	10GBASE-T	802.3an	10Gbps	UTP
	10GBASE-SR	802.3ae		光ファイバー
	10GBASE-LR			光ファイバー
40ギガビットイーサネット	40GBASE-SR4	802.3ba	40Gbps	光ファイバー
	40GBASE-LR4			光ファイバー

MEMO イーサネット規格の名称

10BASE-Tの10は転送速度が10Mbpsであることを表し、BASEはベースバンド転送方式を、最後のTはケーブルのタイプでTはUTPであることを表します。
TとTXはUTPであることを表し、FX、SX、LXとSR、LRは光ファイバーであることを表します。

2 イーサネットフレームとアクセス制御

データリンク層のL2PDUとして、イーサネットではイーサネットフレームの仕様が決められています。イーサネットフレームのデータサイズは最小64オクテット、最大1,518オクテットです。

また、LANでのマルチアクセスネットワークでは、信号の衝突を防ぐ必要があるため、データリンク層でその役割を担っています。これはアクセス制御と呼ばれ、イーサネットではCSMA/CD方式がとられています。アクセス制御については、第3章のSection 06で説明しています。

Keyword オクテット

オクテット（octet）は8ビットの単位です。8ビットの単位にはバイト（byte）がありますが、ネットワークで使う機器は必ずしも8ビット＝1バイトとは限らないため、オクテットを使うことが多いです。

イーサネットフレームの仕様

イーサネットヘッダー			イーサネットトレーラー

あて先MACアドレス	送信元MACアドレス	タイプ	ペイロード	FCS
6オクテット	6オクテット	2オクテット	46〜1500オクテット	4オクテット

最小64オクテット、最大1518オクテット
（64オクテットに満たない場合は、パディング（空白）を入れる）

項目	内容
あて先MACアドレス	あて先のMACアドレス
送信元MACアドレス	送信元のMACアドレス
タイプ	ペイロード内のL3PDUで使用されているプロトコルを示す番号（16進数で0806→ARP、0800→IPv4、86DD→IPv6など）
ペイロード	イーサネットフレームで運ぶL3PDU
FCS	あて先MACアドレスからペイロードまでのエラーチェック用コード

Keyword ペイロード

ペイロード（payload）は積載量と訳されます。航空機などでは荷物の搭載量を示す言葉で、ネットワークでは「ヘッダーとトレーラーを除いたデータ量」を指します。

Section 05 MACアドレスとは？

第4章　ネットワークモデルのプロトコルを知ろう

データリンク層では、隣接している機器を指定するアドレスとしてMACアドレスが使用されています。MACアドレスは、機器のインターフェイス固有のアドレスであり、その機器を識別するためのアドレスです。

覚えておきたいキーワード
- キャスト
- ベンダーコード
- ベンダー割り当てコード

1 アドレスとキャスト

　アドレスは通信の際、あて先または送信元を特定するために使用する値です。アドレスには大別して3種類あり、これはデータの送信方法により区別されます。

　あて先として1台の機器を指定する送信をユニキャスト（Unicast）と呼び、使用するアドレスはユニキャストアドレスです。これがもっとも一般的な送信先アドレスの指定方法です。

　このほかに、あて先として複数台のグループを指定するマルチキャスト（Multicast）とマルチキャストアドレス、あて先としてすべての機器を指定するブロードキャスト（Broadcast）とブロードキャストアドレスがあります。

　通常の通信ではユニキャストを使います。以後は特に明記しない限り、ユニキャスト通信とユニキャストアドレスでの話となります。

MEMO ブロードキャストの届く範囲
ブロードキャスト通信が届く範囲をブロードキャストドメインと呼びます。ブロードキャストドメインはルーターで分割されます。

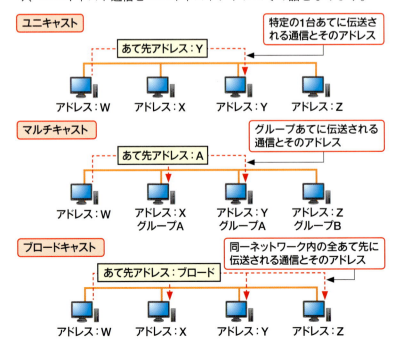

Hint あて先アドレスの指定
特定の範囲の特別なアドレスをあて先に指定することで、マルチキャストやブロードキャスト通信になります。

② MACアドレスをあて先アドレスとして使用する

LANのハブによって形成されたマルチアクセスネットワークでは、送信された信号はフラッディングによりすべての機器に送信されます。そこで、あて先のアドレスとして使用されるのがMACアドレスです。受信した機器は、あて先として指定されたMACアドレスと自身のアドレスが一致する場合にのみデータを受け取り、それ以外は受け取ったデータを破棄する、という処理を行います。

MACアドレスは機器のインターフェイス、つまりNICに付属した値で、固定値です。48ビットで表記されており、先頭24ビットはNICのメーカーの番号（ベンダーコード）、後半24ビットはNICメーカーが任意で決めた番号（ベンダー割り当てコード）となっています。

MEMO 自機のMACアドレスを確認する

Windowsで自機のMACアドレスを確認したい場合は、コマンドプロンプトを起動し、「ipconfig /all」と入力すると、「Physical Address」（「物理アドレス」）として表示されます。

フラッディング

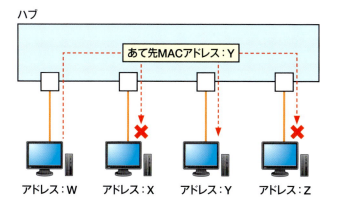

ハブによるフラッディングにより、送信されたL2PDUは、あて先MACアドレスに該当するパソコン以外にも届いてしまうが、該当するパソコン以外はそれを受け取っても破棄する

MACアドレスの仕様

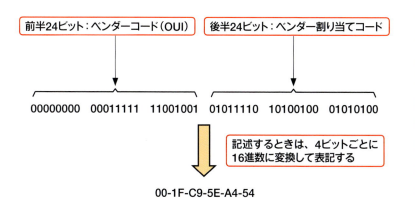

Hint ベンダーコードを確認する

ベンダーコードは、IEEEのホームページで確認できます。たとえば、「10-6F-3F」はバッファローのベンダーコードです。

第4章 ネットワークモデルのプロトコルを知ろう

Section 06 スイッチとは？

覚えておきたいキーワード
» アドレスの学習
» MACアドレスフィルタリング
» バッファリング

データリンク層で機能するネットワーク機器であるスイッチは、イーサネットスイッチ、レイヤー2（L2）スイッチ、スイッチングハブとも呼ばれます。スイッチは、送信元とあて先のMACアドレスを確認して、送信するイーサネットフレームを制御します。

1 ハブよりも通信効率を高めた集線装置

　スイッチは、機器から送信されたイーサネットフレームが届くと、受信したスイッチのポート番号と、送信元MACアドレスの対応表を作り、それを記憶します。これをアドレスの学習と呼びます。

　その後、別の機器からイーサネットフレームが届いたら、あて先MACアドレスを確認します。そのアドレスが、学習済みのアドレスであった場合、そのアドレスに対応したポートからフレームを送信します。ハブではすべてのポートから送信するフラッディングであったのに対し、スイッチでは特定のポートからのみ送信します。これをMACアドレスフィルタリングと呼びます。

> **MEMO 対応表にあて先がない場合**
> まだ学習されておらず、対応表にあて先のMACアドレスがない場合は、ハブと同じように受信したポート以外のすべてのポートから送信するフラッディングを行います。

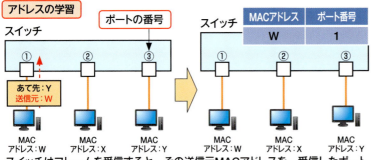

スイッチはフレームを受信すると、その送信元MACアドレスを、受信したポート番号とセットで対応表に記憶する

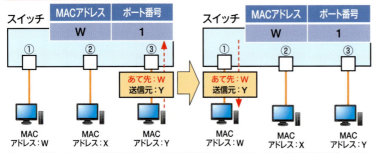

スイッチはフレームを受信すると、そのあて先MACアドレスと対応表を見比べて、対応したポートからのみ送信する

> **Hint ブリッジとスイッチの違い**
> ブリッジ（bridge）はスイッチと同等の機能を持つ機器ですが、スイッチに比べてポートの数が少なく、LANとLANを接続するために使われていた、という歴史があります。

② ハブとは違い、信号の衝突を完全に防止できる

　スイッチは、送信するポートで別のフレームが送信中で送信できない場合、内部メモリーにフレームをいったん退避させる機能があります。この内部メモリーのことをバッファー（Buffer）と呼び、この動作のことをバッファリングと呼びます。

　このバッファリングとMACアドレスフィルタリングによって、スイッチは信号の衝突を完全に防止することができます。これは、信号の伝送効率を大きく向上させることになるので、現在ではハブのかわりにスイッチが使用されるようになっています。

Keyword バッファー

バッファーとは緩衝材の意味です。一般的には2つの機器のスピード差を吸収するために、一時的にデータを保存しておくメモリー領域のことを指します。

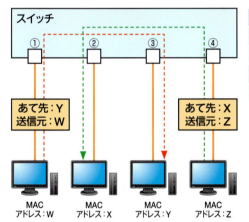

スイッチでは、アドレスの学習により、MACアドレスフィルタリングを行い、特定のポートからのみ送信する

Hint スイッチの種類

現在のスイッチは多機能化しており、機能によってL3（レイヤー3）スイッチ、L7スイッチなどと呼ばれます。また、OpenFlowなどでも中心機器として使われています。詳細は、第8章のSection 06で説明しています。

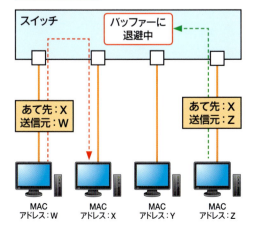

同じあて先のフレームがほぼ同時にスイッチに届いた場合は、一方をバッファーに退避し、もう一方の送信が終わってから送信する

Keyword L3スイッチ

L3スイッチは、ルーターとスイッチの機能を組み合わせた機器で、多数のポートとポートごとにルーティングする機能があるため、LANの中核機器として使われています。

第4章 ネットワークモデルのプロトコルを知ろう

Section 07 ネットワーク層におけるプロトコルを知ろう

覚えておきたいキーワード
- IP
- ICMP
- ARP

インターネットワークを実現するネットワーク層からは、物理的な回線やケーブルなどの仕様に関係なく、LAN、WANともに同じプロトコルが使用されるようになります。ネットワーク層の代表的なプロトコルには、TCP/IPの中核的存在であるIPがあります。

1 TCP/IPではデータの転送に必ずIPプロトコルを使う

IPは、TCP/IPプロトコルスイートの中核的プロトコルです。TCP/IPプロトコルスイートでは、基本的にデータの転送には必ずIPを使用します。IPでは、インターネットワークを可能にするアドレス体系を決定し、IPアドレスと呼ばれるアドレスを使います。また、データをL3PDUとしてIPデータグラム（Datagram）にカプセル化する処理を行います。

IPは従来使われてきたバージョン4（IP version 4：IPv4）と現在移行が進むバージョン6（IP version 6：IPv6）があります。

IPデータグラム（IPv4） / **IPヘッダー（20オクテット）**

ビット	0	4	8	16	31
0	バージョン	ヘッダー長	サービスタイプ	データ長	
32	ID			フラグ、フラグメントオフセット	
64	TTL		プロトコル	ヘッダーチェックサム	
96	送信元IPアドレス				
128	あて先IPアドレス				
160	…				
	ペイロード				

単位はビット

項目	内容
バージョン	IPのバージョン
ヘッダー長	ヘッダーの長さ
サービスタイプ	QoSに使用するデータグラムの優先度／重要度
データ長	ヘッダーとペイロードの合計の長さ
ID	データグラムを識別する番号
フラグ、フラグメントオフセット	データ長が長い場合に、データグラムを分割するために使用する
TTL	データグラムの生存時間
プロトコル	ペイロード内のデータに使用されているプロトコルの番号
ヘッダーチェックサム	IPヘッダーのエラーチェック用コード
送信元IPアドレス	送信元のIPアドレス
あて先IPアドレス	あて先のIPアドレス
オプション	（上図では省略）特別な設定をするときに使う
ペイロード	IPデータグラムで転送するデータ

 QoS

QoS（Quality of Service）とは、通信の品質を決めることです。これには、特定のパケットだけ優先して送る「優先制御」、送信量を制御する「帯域制御」などがあります。

 TTL

TTL（Time To Live）は、パケットがミスなどによりネットワーク上にずっと残ることを防ぐため、設定する生存時間です。実際は経由できるルーター数となります。

 IPv6について

IPv6とはIPバージョン6のことで、IPの新しいバージョンです。従来使用されてきたIPv4のアドレスの問題点の解消、不要な機能の削除、新規機能の追加が行われています。詳細は、第8章のSection 04で説明しています。

❷ その他のネットワーク層のプロトコル

　データを IP データグラムにして転送する IP 以外にも、ネットワーク層にはいくつかのプロトコルがあります。

　代表的なものとして、ICMP（Internet Control Management Protocol）があります。ICMP は、エラーの通知やネットワークの状態把握に使用されるプロトコルです。

　また、先に説明した MAC アドレスを調べる ARP もネットワーク層のプロトコルとされています。ほかにもルーティングで使用するルーティングプロトコルである OSPF（Open Shortest Path First）などもネットワーク層のプロトコルです。

OSPF

OSPF はルーティングプロトコルの1つで、ルーター間で情報を交換し、ルーティング表を作成するために使われます。

送信したデータグラムが、ルーターでルーティングができない場合、ルーターは送信元にあて先到達不能のメッセージを送る

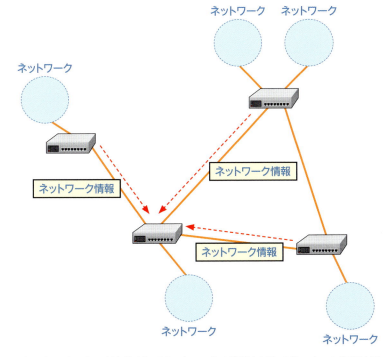

それぞれのルーターが自分が知るネットワークの情報をほかのルーターに通知することで、ルーターはどこにネットワークがあるかを記録したネットワーク表を作る

IPv6 の場合

IPv4 と IPv6 は互換性がないため、ICMP や OSPF は IPv4 と IPv6 で別のものが用意されています。IPv6 では、ICMPv6、OSPFv3 が使われます。

第4章 ネットワークモデルのプロトコルを知ろう

Section 08 IPアドレスとは?

覚えておきたいキーワード
≫ ネットワーク番号とホスト番号
≫ サブネット
≫ サブネットマスクとプレフィックス長

IPがインターネットワークを可能にするアドレスとして定義しているものが**IPアドレス**です。TCP/IPプロトコルスイートで通信を行う機器は、すべて**ユニークなIPアドレスを保持**します。ここではIPv4で使われているIPv4アドレスについて説明します。

1 IPアドレスは機器を特定するユニークなアドレス

IPアドレスは大きく分けると、その機器の所属するネットワークの番号である**ネットワーク番号**と、その機器の番号である**ホスト番号**から成り立ちます。この2つを**32ビットで表現するものがIPv4アドレス**です。

ネットワーク番号は接続されている全ネットワークの中で、唯一(ユニーク)な番号であり、ホスト番号はそのネットワーク内でユニークな番号です。結果として、IPアドレスは全体でユニークなアドレスとなり、これによりあて先と送信元を特定することが可能になります。

MEMO プライベートとグローバル

インターネットで使用するIPアドレスは、インターネットの管理団体(ICANN)によって決められたアドレスで、グローバルIPアドレスと呼ばれます。これに対し、組織内部でのみ使用するアドレスをプライベートIPアドレスと呼びます。

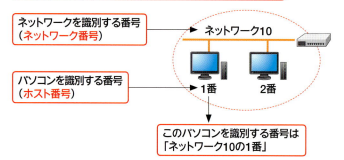

Hint プライベートIPアドレスの範囲

ICANNが使用してよいとしているプライベートIPアドレスは、10.x.x.x、172.16.x.x～172.31.x.x、192.168.x.xです。

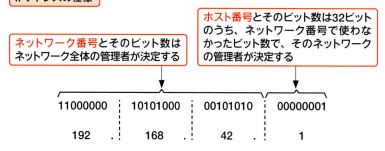

MEMO ネットワーク全体の管理者

インターネットでは、IPアドレスのネットワーク番号を決めるのはICANNです。インターネットに接続しないプライベートな環境では、その組織のネットワーク管理者が決定します。

② 大規模なネットワークではサブネットを使う

　1つのネットワークに配置できるIPアドレスの数は、ホスト番号に使用するビット数で決まります。あまりに多くのIPアドレスを使用する場合、ネットワークをさらに小さく分割して運用する必要があります。これを**サブネット**（subnet）と呼びます。

　サブネットを利用する場合は、ホスト番号をさらに分割し、その一方をサブネットを示す**サブネット番号**とします。これは、市の中に区を作るイメージに近いかもしれません。

　また、ルーティングを行う際には「ネットワーク番号」「サブネット番号」と「ホスト番号」の境界を知る必要があります。そのため、**サブネットマスク**または**プレフィックス長**と呼ばれる値をIPアドレスに併記して、境界を明確にしています。

> **MEMO サブネットマスクの使い方**
> サブネットマスクはIPアドレスのネットワーク番号とサブネット番号の部分を1、ホスト番号の部分を0にして、IPアドレスと同じ表記法にしたものです。これをIPアドレスに併記します。

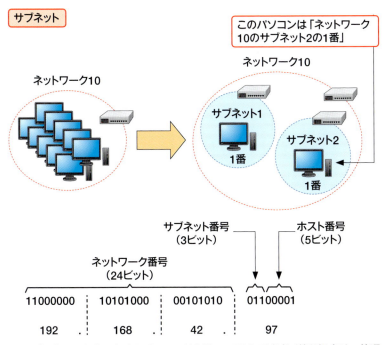

1つのネットワーク内に多くのパソコンがあり、IPアドレスを多く使う場合は、管理をしやすくするためにネットワーク内を分割して、小さなネットワーク（サブネット）を作る

ネットワーク・サブネット番号とホスト番号の境界を示す値を付ける

①サブネットマスクを使う
　IPアドレス：192.168.42.97
　サブネットマスク：
　255.255.255.224＝11111111　11111111　11111111　11100000
　　　　　　　　　　　　　　　　　　　　ホスト番号の部分を0にする

②プレフィックス長を使う
　IPアドレス：192.168.42.97/27
　　　　　　　　　　　　　　　ネットワーク番号とサブネット番号のビット数を表記する（ここでは27ビット）

> **MEMO プレフィックス長の使い方**
> プレフィックス長はIPアドレスのネットワーク番号とサブネット番号のビット数を、IPアドレスの後ろにスラッシュを付けて書いたものです。

第4章 ネットワークモデルのプロトコルを知ろう

Section 09 ルーターとは？

覚えておきたいキーワード
- ルーティング
- フォワーディング
- ルーティングプロトコル

インターネットワーキングでの中核機器である**ルーター**は、**ルーティング表**を維持し、受信したIPデータグラムをルーティング表に従って別のルーターへと送り出します。これにより、ネットワーク間のデータの伝達（**ルーティング**）が可能になります。

1 ルーターはルーティングとフォワーディングを行う

ルーターは、2つの動作を行います。1つ目の動作として、ネットワークの経路を記憶している**ルーティング表（テーブル）** を使用し、IPデータグラムのあて先IPアドレスから、次に送信するルーターを決定する**ルーティング**を行います。このとき、個々のルーターはあて先のIPアドレスまでのすべての経路を知っているわけではなく、あて先IPアドレスまでの次のルーターを知っているだけです。

2つ目の動作として、ルーターは決定した次のルーターへIPデータグラムを送信する**フォワーディング**を行います。

 ホップ数

ルーティングでは、使用する経路を決定する指標として、あて先まで経由するルーターの数を使うことがあります。これをホップ数と呼びます。

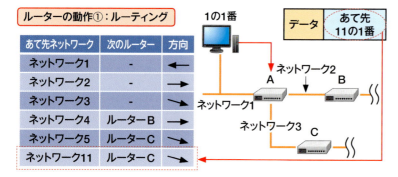

受信したIPデータグラムのあて先IPアドレスを、ルーティング表から探し出し、**送信する方向（次のルーター）を決定する**

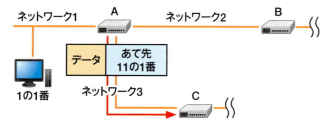

ルーティングにより決定した**次のルーターへIPデータグラムを送信する**

 ゲートウェイ

パソコンはネットワーク外へ通信するためにルーターを経由しますが、そのルーターをゲートウェイと呼びます。そのうち、パソコンが特別な場合でない限り標準で使用するゲートウェイとして設定されるのがデフォルトゲートウェイです。

2 ルーティング表は常に最新の状態に維持される

　ルーターが行うルーティングの動作を決定する際に、重要なポイントとなるのがルーティング表です。

　ルーティング表は、ネットワーク上のすべてのネットワークへの経路が正しく記載され、最新の状態でなければいけません。

　そのためルーターは、ルーターどうしが自分が知るネットワークの経路を交換し、常に正しく最新の状態にするよう通信しています。この際に使用するプロトコルをルーティングプロトコルと呼びます。RIP、OSPF、BGP などが代表的なルーティングプロトコルです。

MEMO インターネットでのルーティング

インターネットのルーティングでは、まずAS単位のルーティングが行われます。このためのルーティングプロトコルとしては、BGP（Border Gateway Protocol）が使われています。

ルーターの動作③：ルーティング表の更新

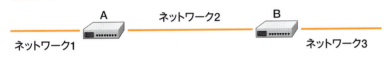

あて先ネットワーク	次のルーター	方向
ネットワーク1	-	←
ネットワーク2	-	→

ルーターAのルーティング表

あて先ネットワーク	次のルーター	方向
ネットワーク2	-	←
ネットワーク3	-	→

ルーターBのルーティング表

1 初期状態では、ルーターに接続されているネットワーク情報のみ記載されている

2 ルーターはルーティングプロトコルにより、知っているネットワークの情報（アップデートと呼ぶ）を他ルーターへ送る

あて先ネットワーク	次のルーター	方向
ネットワーク1	-	←
ネットワーク2	-	→

ルーターAのルーティング表

あて先ネットワーク	次のルーター	方向
ネットワーク2	-	←
ネットワーク3	-	→
ネットワーク1	ルーターA	←

ルーターBのルーティング表

3 ルーターAからのアップデートにより、未知だったネットワーク1の情報を入手し、ルーティング表に追加した

Hint 経路の確認

送信元からあて先までの経路間で、経由していくルーターを確認することができます。Windowsではtracertコマンドを使用します。

Section 10

第4章 ネットワークモデルのプロトコルを知ろう

インターネットVPNとは？

覚えておきたいキーワード
- インターネットVPN
- トンネリング
- IPsec

ネットワークの利用拡大により、離れた拠点（たとえば本社と支社のようなLANどうし）をつなぐことが多くなりました。そこで、拠点間をプライベートのままつなぐ技術として、インターネットVPN（Virtual Private Network）が使用されるようになりました。

❶ インターネットVPNでプライベートなデータを流す

拠点のLANどうしを接続し、データをやりとりしたい場合には、そのデータが他者に読みとられないようにする必要があります。その場合にかつてのネットワークでは、自社のデータのみが流れる専用の回線として使える電話回線や専用線を使用していました。しかし、これらは費用が高額になりがちです。

そこで、インターネットを利用して同じことができる技術として、インターネットVPNが使われるようになりました。インターネットは公開されたパブリックなネットワークですが、ここにプライベートなデータを流す仮想的なトンネルを作って実現します。

Hint VPNの種類

インターネットVPN以外では、プロバイダーが自社だけのネットワークを使って提供するIP-VPNなどがあります。インターネットVPNでは使用するプロトコルによって、IPsecを使うIPsec-VPN、HTTPSを使用するSSL-VPNなどの種類があります。

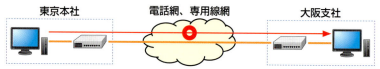

電話回線や専用線ならば、その回線は他者と共有しないため秘密が保たれる。そのため、社内LANのデータを流してもよい

インターネットを経由して拠点へデータを送る場合は、パブリックなネットワークであるため秘密が保たれない。そのため、社内LANのデータを流すのは危険

Hint 流れているデータを確認するには

通信アプリケーションの作成の際に正しい通信データが流れているか確認したり、不明なデータが流れていないか確認したりするためには、ケーブルを流れているデータを確認できるパケットキャプチャソフトを使用します。代表的な例としては、WireSharkやMicrosoft Message Analyzerがあります。これらのソフトを悪用することでデータを盗み見ることができてしまいます。

インターネットVPNでは、インターネットに秘密を維持したまま通過できるトンネルを作り、それを使ってデータを送る

❷ インターネットVPNのしくみ

　仮想的なトンネルを作成する技術を**トンネリング**と呼びます。トンネリングでは、拠点間でやりとりされるデータを、あて先と送信元のアドレスを含めて、**全体を暗号化**します。いうなれば、運びたい文書が入っている封筒を、さらに丸ごと宅配便の段ボールで包むような形になります。このトンネリングで使用される代表的な技術に**IPsec**があります。

　IPsecは**データの暗号化や改ざん検出を行うためのネットワーク層の技術**です。インターネットVPNでは、このIPsecのトンネリングモードと暗号化を使ってトンネリングを行います。

　このように、インターネットVPNを使用することで、安全な通信を確保できます。そのため、インターネットを使った拠点間接続だけでなく、自宅やモバイル機器からも社内に接続することが可能になります。

IPsecのモード

IPsecでは、VPNのトンネリングのためのトンネリングモードと、VPN以外の通信の暗号化のためのトランスポートモードがあります。

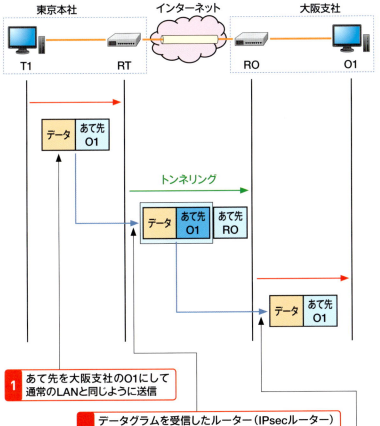

1. あて先を大阪支社のO1にして通常のLANと同じように送信
2. データグラムを受信したルーター（IPsecルーター）はそのPDUごと暗号化し、あて先を大阪支社のルーターROにしたヘッダーを付けて送信
3. 受信したルーターROは暗号化をはずし、中のデータグラムを取り出して支社LANへ送信

IPsecの機能

IPsecでは、データの改ざんを検出するためのAH（Authentication Header）プロトコルと、暗号化のためのESP（Encapsulated Security Payload）プロトコルを使用します。VPNではESPを使用します。

第4章 ネットワークモデルのプロトコルを知ろう

Section 11 トランスポート層における プロトコルを知ろう

覚えておきたいキーワード
≫ コネクション
≫ TCP
≫ UDP

ネットワーク層までは、「あて先までデータを届ける」機能でした。その上位の層であるトランスポート層は、「届いたデータが誰のものか」「届いたデータが正しいか」を確認する層です。ここでは、トランスポート層で使われるプロトコルを説明します。

1 コネクションとは

　トランスポート層では、コネクション型とコネクションレス型の2種類のプロトコルが使用されます。まずは、コネクションについて説明します。

　データを送信する前段階では、「あて先がデータを受信できるかどうか」「受信できたとしても正しく受け取れるかどうか」など、不確定な部分が多い状態です。これでは通信の効率が悪いため、データを送信する前に相手の状態を確認し、データをやりとりするために必要な設定などを交渉します。

　この事前交渉を行うことで、「確実にデータが送受信できる」状態を確立します。これは「相手との（仮想的な）通信路が確保された」状態であり、この通信路のことをコネクションと呼びます。

 コネクションの確立と切断

コネクションを確立するためには事前交渉を行います。また、終了のときにも相手にコネクションの終了を伝える通信を行います。これをコネクションの切断と呼びます。

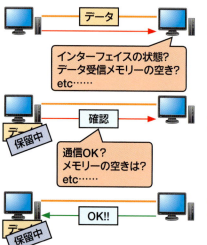

いきなり相手にデータを送信しては、相手が受信できる状態であるかどうかわからず、確実性に欠ける

そこで、データを送信する前に相手の状態を確認し、通信に使う設定を確認するためのデータを送る

通信が可能ならばそれを伝え、さらに使用する設定なども伝える

これで、相手と通信が可能なことが保証された。この状態を「通信可能な道ができた」と状態と考えると、この道がコネクションであり、このやりとりをコネクションの確立と呼ぶ

 コネクション型通信

右ページで説明するTCPはコネクションを使用するコネクション型通信です。ほかにも第2層のPPPなどもコネクション型です。

❷ コネクション型プロトコルとコネクションレス型プロトコル

　コネクションを使用するプロトコルのことを「コネクション型プロトコル」と呼びます。それに対し、コネクションを使用しない、つまり事前交渉なしのまま相手にデータを送信するプロトコルのことは「コネクションレス型プロトコル」と呼びます。

　TCP/IPプロトコルスイートのトランスポート層では、「コネクション型プロトコル」のTCP、または、「コネクションレス型プロトコル」のUDPを使用します。必ずどちらか一方を使用し、両方を使用することはありません。

　それぞれのプロトコルにはメリットとデメリットがあるため、どちらを使用するかは、アプリケーション層のサービスの特性によって決められています。

MEMO TCPとUDP

TCPは信頼性が高いため、多くのプロトコルはTCPを使用します。それに対し、UDPは高速性や効率性を重視します。図以外のプロトコルでは、音声通信のRTPや時刻合わせのNTPがあります。

サービスの特性ごとに使い分ける

TCPとUDPの違い

TCP	UDP
コネクション型	コネクションレス型
信頼性あり	信頼性なし
UDPより低速	高速
エラー回復あり	エラー回復なし

- 高い信頼性と確実性が必要なサービスやアプリケーションはTCPを使う → HTTP, SMTP, FTP
- 信頼性や確実性よりも、高速性や効率性を重視するサービスやアプリケーションはUDPを使う → DHCP, SNMP
- DNSのように、状況に応じて使い分けるプロトコルもある → DNS

アプリケーション層: HTTP　SMTP　FTP　DNS　DHCP　SNMP

トランスポート層: コネクション型 TCP ／ コネクションレス型 UDP

インターネット層: IP

Hint コネクションレス型通信

UDPはコネクションを使用しないコネクションレス型通信です。ほかにもIPや、イーサネットなどもコネクションレス型です。

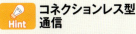

第4章 ネットワークモデルのプロトコルを知ろう

Section 12 TCPとは？

覚えておきたいキーワード
≫ スリーウェイハンドシェイク
≫ シーケンス番号と確認応答番号
≫ ウィンドウサイズ

トランスポート層のコネクション型プロトコルである**TCP**は、**TCP/IPプロトコルスイートの中核**です。データを安全かつ正確に運ぶためのさまざまな機能を持っており、それらは「エラー回復」と「フロー制御」の2つに大別されます。

1 TCPはコネクション型プロトコル

　TCPはコネクション型で、データを送受信する際には、事前に通信設定の交渉を行います。この交渉では、「同期要求（SYN）」「応答と通信要求（ACK・SYN）」「応答（ACK）」の3回のやりとりが行われます。これにより通信設定が決定され、双方が通信可能となります。このやりとりを**スリーウェイハンドシェイク**と呼びます。

　スリーウェイハンドシェイクにより、TCPの通信で使用する**シーケンス番号**や**確認応答番号**、**MSS**や**ウィンドウサイズ**などの設定が、双方で交換されます。これらを使うことで、右ページで説明するエラー回復やフロー制御などが可能になります。TCPはきめ細やかな制御を行うことで、安全かつ正確にデータを届けることができます。

 MSS

MSS（Max Segment Size）とは、TCPのPDUであるセグメントの最大サイズのことです。MSSは回線の最大データサイズから計算されます。イーサネットの場合は、最大サイズが1500オクテットで、IPヘッダーとTCPヘッダーの40オクテットを抜いた1460オクテットがMSSとなります。

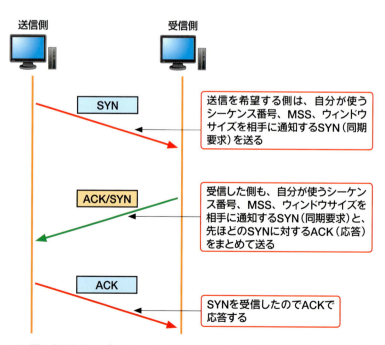

この3回のやりとりでコネクションが確立されたあとは、このコネクションを使ってやりとりする

 ウィンドウサイズ

現時点で受信できる最大サイズをウィンドウサイズと呼びます。これはデータのやりとり中に変更され、このサイズを超えてデータを送信しないように制御します。右ページで説明するフロー制御に関係しています。

② エラー回復とフロー制御を行う

　ネットワークでは送信したデータが必ず相手に届くとは限りません。TCPでは、送信時に送信データに番号（シーケンス番号）を付け、受信した側は次に受信したい番号（確認応答番号）を送ることで、どこまで受信したかを示します。

　この2つの番号を使うことで、エラーが発生し、データが届かなかったとしても、「どのデータが届かなかったのか」がわかり、そのデータだけ再送することが可能になります。これによりエラー回復を行います。

　また、受信側はデータを受信した場合、一時的にデータを保存し、その後CPUで処理します。データの受信量が多いときや、CPUの処理が遅いときは一時的にデータを保存できる量を超えてしまう（オーバフローする）ことがあります。そこでTCPでは相手が保存できる量を聞き、その量に合わせて送信するフロー制御も行います。

> **MEMO 確認応答**
> TCPでは、受信した側は受信したことを伝えるために確認応答を送ります。確認応答には、次に受信したいデータの番号である確認応答番号や、現在のデータの最大保存量（ウィンドウサイズ）を格納します。これを使って、エラー回復やフロー制御を行います。

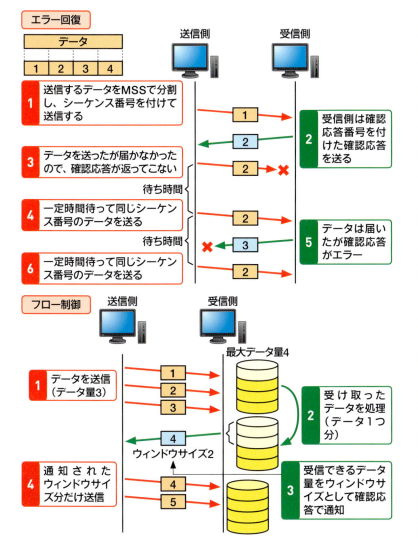

> **Keyword 再送待ち時間**
> 確認応答がこない場合に再度送信するまでの待ち時間を、再送待ち時間（RTO：Retransmission Time Out）と呼びます。これは実際の送受信にかかった時間から算出されます。

Section 13 UDPとは?

覚えておきたいキーワード
» コネクションレス型
» TCPの欠点とUDPの利点
» マルチキャストとブロードキャスト

TCP/IPプロトコルスイートのトランスポート層のプロトコルであるUDPは、TCPと正反対の役割を担っています。TCPのような制御をまったく行わないコネクションレス型プロトコルであるため、信頼性はありませんが、それが強みになっています。

① TCPは信頼性は高いがデータの転送効率が低い

TCPは、確認応答によるエラー回復や、ウィンドウサイズによるフロー制御などを行い、データを順番通りに確実に送る機能を持つ、高い信頼性を持つコネクション型プロトコルです。

しかし裏返せば、確認応答を必ず必要とするために時間的なロスが発生することになります。また、フロー制御によって送ることができるデータ量を制限していることも意味します。

つまり、TCPは高い信頼性と引き換えに、データの転送効率を低下させているといえます。一方で、UDPは確認応答などを行わないコネクションレス型なので、データを高速に送ることができます。

MEMO UDPの使い道

信頼性が低いUDPですが、その利点から動画配信や音声通信などの高速性が必要な通信や、データサイズの小さいDNSなどの通信、マルチキャストやブロードキャストを必要とするDHCPなどで利用されています。

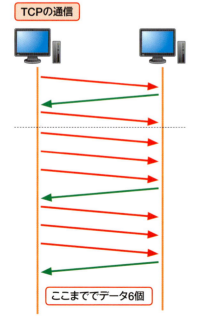

TCPでは、最初にスリーウェイハンドシェイクを行い、データをいくつか送信したあとには必ず確認応答を待つ時間が必要となる

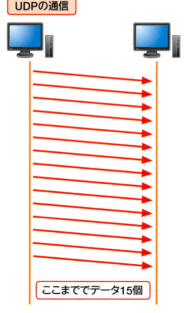

UDPはコネクションレス型で確認応答などが必要ないので、高速にデータを送ることが可能

Keyword 輻輳制御

TCPでは、輻輳（ふくそう）制御を行います。これは、通信が集中し、ルーターの処理量を上回らないようにするための制御です。TCPはこれを行うため、効率が上がりにくいという欠点もあります。一方、UDPでは輻輳制御を行いません。

❷ UDPでは多くのデータを短時間で送ることができる

　UDPはコネクションレス型プロトコルとして、TCPが行う制御のいっさいを行いません。そのため、次のような利点を持ちます。
　まず、データの転送速度が速いことです。左ページでも説明しましたが、TCPのように制御のための時間的なロスがないため、短時間で多くのデータを送ることができます。そのため、動画配信や音声通信に向いています。
　さらに、データの転送効率がよいことがあります。TCPでは小さなデータサイズのデータを送る際にも確認応答などを必要としてしまうため、実際に送信したいデータのサイズに比べて多くのデータをやりとりする必要があります。UDPでは確認応答などが必要なく、さらにヘッダーのサイズも小さいため効率的です。
　また、マルチキャストやブロードキャストのように一対多の送信を行う場合、TCPではそれぞれとスリーウェイハンドシェイクが必要なため、多くのリソースを消費してしまいます。このような場合には、コネクションレス型のUDPのほうに優位性があります。

MEMO ヘッダーのサイズ

送信したいデータ以外に、ヘッダーやトレーラーもカプセル化されて送信されますが、このヘッダーのサイズが大きい場合は全体の通信効率が下がります。

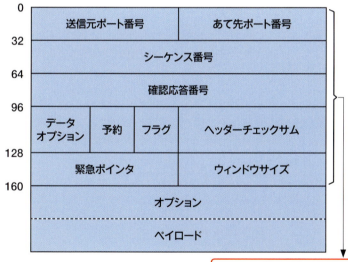

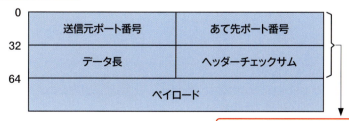

Hint 通信に必要なデータ量の比較

TCPはスリーウェイハンドシェイクと、コネクションの切断で7回のやりとりがあるため、20オクテット×7と、送信セグメントのヘッダーとその応答に20オクテット×2の計180オクテットがデータ以外で必要となります。それに対してUDPでは8オクテットで済みます。

第4章 ネットワークモデルのプロトコルを知ろう

Section 14 セッション層における プロトコルを知ろう

覚えておきたいキーワード
≫ 暗号化
≫ サーバー証明書
≫ SSL/TLS

TCP/IPモデルにセッション層は存在せず、アプリケーション層にまとめられています。このため、セッション層に属するプロトコルはありませんが、役割的にセッション層のプロトコルといえるのが、セキュリティプロトコルのSSL/TLSです。

1 暗号化により送信するデータを秘匿する

　Webショッピングでは、ユーザーIDとパスワード、クレジットカード番号など、他者に盗み見られると困るデータが、インターネット上でやりとりされることがあります。

　これらの盗み見（盗聴）を防ぐために使用される技術が、暗号化です。暗号化は、特定のビット列を持つパソコン以外には、データを意味不明なビット列に変換してしまう技術です。この特定のビット列を鍵と呼び、鍵を持つもの以外はデータを見ることができなくします。

　暗号化には処理が高速な共通鍵暗号方式と、処理が低速な公開鍵暗号方式があり、これらを組み合わせて使用します。共通鍵暗号では1つの鍵で暗号化と復号を行い、公開鍵暗号では暗号化と復号でそれぞれ別の鍵を使います。SSL/TLSではそれぞれの長所を生かすため、両方とも使用します。

 盗聴の方法

データを盗聴する方法には、パケットキャプチャソフトや、無線LANの解析ツールなどのほかにも、偽サーバーを構築して、そこにデータを送信させるなどの手法があります。

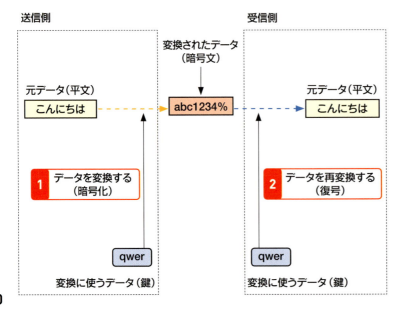

暗号化

 暗号化について

暗号化の詳細については、第7章のSection 07を参照してください。

100

❷ SSL/TLSで送受信するデータを暗号化する

　SSLは、Webサイトの閲覧時などに会員制サイトで入力するID・パスワードやクレジットカード番号を、盗聴されないように暗号化して送るためのプロトコルです。SSLを使ったWebサイトの閲覧は、「https」で始まるURLを使います。このSSLを汎用的に使用できるようにしたものがTLSです。

　SSL/TLSではさらに、偽装サイトによるフィッシング詐欺を防ぐため、サーバーが正規のサーバーであるという証明（サーバー認証）を行います。

　暗号化とサーバー認証を行うためには、サーバー側で、認証局と呼ばれる組織からサーバー証明書を発行してもらう必要があります。サーバーは、接続してきたパソコンにサーバー証明書を送信します。パソコン側は、サーバー証明書によって正規のサーバーであることを確認します。さらにサーバー証明書に含まれている公開鍵暗号方式の暗号化鍵を使用して暗号化を行います（第7章のSection 10を参照）。

Keyword　SSLとTLS

SSLはネットスケープ社がWeb用（HTTP用）に開発したプロトコルです。これをIETFが汎用化し標準化したものがTLSになります。現在ではTLSが主として使用されていますが、SSLが過去に使われていたことからTLSを使っている状態でもSSLと呼ばれることもあります。

サーバー認証

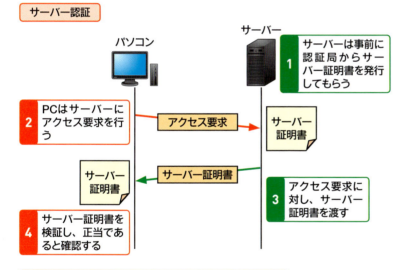

Chromeでのサーバー証明書の確認と暗号化の確認の例

Keyword　認証局

認証局（CA：CertificateAuthority）は、公開鍵が確かに本人のものであるという証明を行うための証明書（サーバー証明書）を発行するための機関です。代表的なものとしては、シマンテックやジオトラストが認証局を持っています。

第4章 ネットワークモデルのプロトコルを知ろう

Section 15 プレゼンテーション層とアプリケーション層のプロトコルを知ろう

覚えておきたいキーワード
≫ 名前解決
≫ ドメイン名
≫ メールの送信と受信

プレゼンテーション層とアプリケーション層は、TCP/IPモデルではセッション層とともにアプリケーション層としてまとめられて運用されています。そのため、これらの層の機能は、1つのプロトコルで定められていることが多くなります。

1 名前解決のプロトコル「DNS」

TCP/IP プロトコルスイートのアプリケーション層のプロトコルとして、まずは名前解決のプロトコルである DNS について説明します。
たとえば、「http://gihyo.jp/」という URL のうち、「gihyo.jp」の部分をドメイン名といいます。これは特定のサーバーを文字で示すものですが、これではその特定のサーバーに送信するための IP アドレスがわかりません。そこで、DNS がドメイン名とIPアドレスの変換を行っています。現在では、Web やメールなど、ドメイン名を使うものが多くあるため、DNS はインターネットの基幹プロトコルの1つといっても過言ではありません。

Keyword ドメイン名
URLやメールアドレスで使われている名前をドメイン名と呼びます。インターネット上で使用されるドメイン名は、日本のドメイン名（〜.jp）ではJPNICという組織が管理しています。

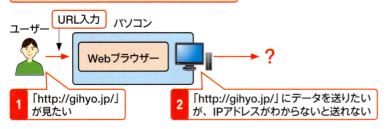

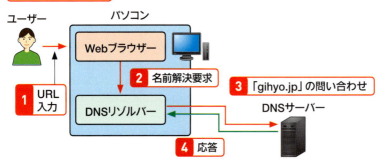

URLを入力されたWebブラウザーは、ドメイン名の名前解決を専用ソフト（DNSリゾルバー）に要求する。DNSリゾルバーは、DNSサーバーにドメイン名を問い合わせてIPアドレスを入手する

 TLD
ドメイン名の末尾の.jpの部分をTLD（Top Level Domain）と呼びます。これには、国コードのもの（jpやtwなど）と、汎用のもの（comやnet、bizなど）があります。

② メール関連のプロトコル「SMTP」「POP3」「IMAP4」

アプリケーション層のプロトコルとして、メールの送信と受信を行う代表的なプロトコルがあります。これには大きく3つあり、1つ目はメールの送信を担うプロトコルで、メールを送信者から送信者が利用しているサーバーへ、そしてあて先のメールボックスがあるサーバーへと転送を行う SMTP です。

また、メールの受信、つまりメールボックスから利用者のパソコンやモバイル機器へメールを渡すプロトコルとして、POP3 と IMAP4 があります。

なお、メールそのもののためのプロトコルで、メールを添付ファイルや多言語に対応させるために使用される MIME というプロトコルもあります。

MEMO POP3とIMAP4の違い

POP3とIMAP4の違いは、第5章のSection 05で説明しています。

Keyword MIME

MIME（Multipurpose Internet Mail Extension）は、メールの添付や多言語メールのために使われます。もともとメールは英語と記号のみ（ASCIIコードのみ）が使えるものでした。これにメール拡張機能であるMIMEを使うことで、ファイルの添付や日本語などの多言語をメールに使うことができるようになります。MIMEでは添付したファイルや別言語をASCIIコードに変換することでメールとして使うことができるようにしています。

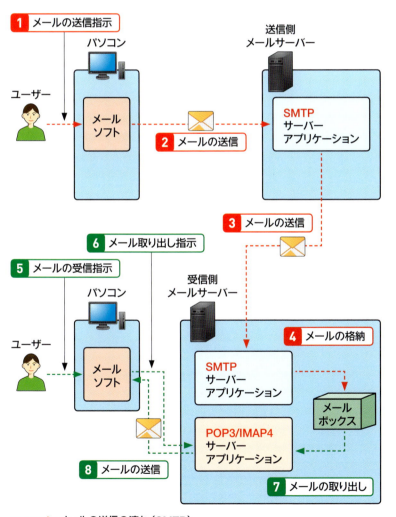

3つのアドレス

　ネットワークによるデータの伝送には、「アドレス」が必要となります。アドレスは「あて先」を決めるものです。第4章ではいくつかのアドレスが登場していますが、それぞれ各層での説明でしたので、ここではまとめて復習の意味で「アドレスが示すあて先の違い」を説明します。

　まず、最初に登場したのがデータリンク層の「MACアドレス」です。MACアドレスは有線LANや無線LANのマルチアクセスネットワークで使用されます。

　MACアドレスが示すあて先は、「その信号が届くあて先」になります。もう少し踏む込むと、「ルーターで区切られた範囲内で、信号を届けるあて先」ということもできます。LAN内のハブやスイッチは、信号を増幅したり行き先を決めたりはしますが、信号自体は変わりません。しかし、ルーターはデータを受信し、次のルーターやコンピューターあてに再度MACアドレスを調べて送信します。ルーターを越えるとMACアドレスは切り替わってしまうことになりますので、MACアドレスが示す範囲は「ルーターを越えない範囲内」ということになります。

　では、LAN以外のデータリンク層、つまりWANではMACアドレスを使わないのか、という話になりますが、PPPoEでもMACアドレスを使います。しかし、PPPの場合は、つながっているあて先が必ず1つのためMACアドレスは使われていません。つまり「マルチアクセスネットワーク」であるかどうかがアドレスを使うか使わないかのポイントになるということです。

　2つ目がネットワーク層の「IPアドレス」でした。IPアドレスは、相互につながっているネットワーク内でのあて先を指定します。MACアドレスとの違いでは、よく使う例ですが、「MACアドレスは今乗っている路線でのあて先駅（乗り換え駅）」、「IPアドレスは乗り換えした先の最終的なあて先駅」です。

　3つ目のアドレスは、「アドレス」という名前ではないですが、「ポート番号」です。ポート番号は、届いたあて先のコンピューター内部のアプリケーションを指定します。そういう意味でポート番号も「アドレス」の1つ、といえます。

　これらをまとめると、「MACアドレスで次の中継先を指定し」「MACアドレスで指定された中継先を経由した、最終的なあて先をIPアドレスで指定し」「IPアドレスで指定されたコンピューター内部のアプリケーションをポート番号で指定する」、という形になります。それぞれ、指定する範囲と役割が異なります。混ざって覚えないように気を付けてください。

アドレスの示すあて先

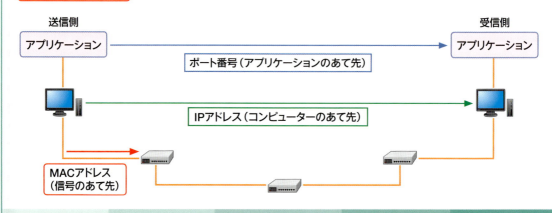

第 5 章 ネットワーク内のサーバーの種類を知ろう

Section 01	ファイルサーバーの働きを知ろう
Section 02	プリントサーバーの働きを知ろう
Section 03	データベースサーバーの働きを知ろう
Section 04	SMTPサーバーの働きを知ろう
Section 05	POP3/IMAP4サーバーの働きを知ろう
Section 06	FTPサーバーの働きを知ろう
Section 07	アプリケーションサーバーの働きを知ろう
Section 08	DHCPサーバーの働きを知ろう
Section 09	その他のサーバーの働きを知ろう

第5章 ネットワーク内のサーバーの種類を知ろう

Section 01 ファイルサーバーの働きを知ろう

覚えておきたいキーワード
≫ SMB
≫ ミラーリング
≫ 世代管理

ファイルサーバーは、企業の使用するサーバーの中でもっとも代表的なサーバーです。Windows OSのファイル共有のしくみを利用するものが一般的で、サーバーコンピューターやNASタイプのものが利用されます。

1 ファイルサーバーはファイルの共有に使われる

　ファイルサーバーは、名前の通りファイルを保存し、多人数でファイルの共有を行うためのサーバーです。ファイル共有のしくみにはさまざまなものがありますが、いちばん一般的に使われているのは、Windows OSが持つSMB（Server Message Block）でしょう。

　SMBは「ファイルとフォルダの共有」を行うアプリケーションで、パソコン側のファイルやフォルダを操作するのと同じように、サーバー側の共有ファイルや共有フォルダを操作できるという特徴があります。なお、Linux OSでもSMBと互換性のあるSambaというアプリケーションがあります。

MEMO サーバーのファイルを見つける

Windowsではエクスプローラーの「ネットワーク」からSMBで共有しているファイルを見つけることが一般的です。また、「¥¥コンピューター名」で直接指定（パス指定）することもできます。

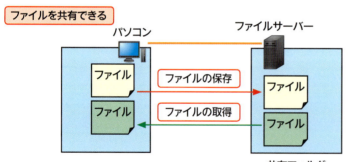

ファイルサーバーは、パソコンからファイルを保存したりパソコンにファイルを転送したりできる

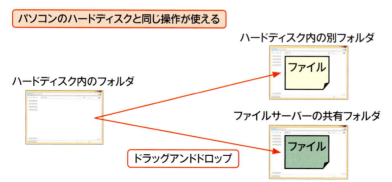

106

2 ファイルサーバーの構築と運用

　ファイルサーバーを構築することはそれほど難しくありません。Windows OS のサーバーや Linux OS のサーバー、もしくは NAS を導入することで可能です。また、パソコン側も SMB 対応のソフトが使用できるものであれば、Windows OS のパソコンはもちろん、Linux OS のパソコンやスマートフォン、タブレットでも使用可能です。

　管理面では、保持するファイルが消えることを避けるため、「ディスクのミラーリング」と「バックアップ」がポイントとなります。ディスクのミラーリングは、突発的な障害などによるディスクの破損があった場合の対策として、バックアップは世代管理と呼ばれる定期的な記録をとるために行います（第6章の Section 10 を参照）。

　また、ディスクの容量が問題になることも多いため、定期的な容量チェックや、ディスクの追加なども管理上では重要です。

Keyword　NAS

NAS（Network Attached Storage）は、あたかもハードディスクを直接ネットワークに接続しているかのように使うことができる機器です。実際はファイルサーバー専用OSを持つサーバーです。

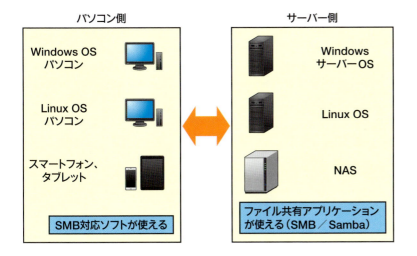

SMBサーバーアプリケーションとSMB対応ソフトの組み合わせなら、ハードウェアを選ばない

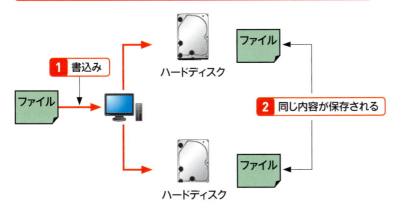

ミラーリングは、ハードディスクのコピー（ミラー）をリアルタイムで作成する

Keyword　世代管理

バックアップの際に前のバックアップに上書きしていくのではなく、バックアップを過去何回分か残し、過去への復元を可能にすることを世代管理と呼びます。

第5章 ネットワーク内のサーバーの種類を知ろう

Section 02 プリントサーバーの働きを知ろう

覚えておきたいキーワード
» スプール
» ドライバー
» 負荷分散

プリントサーバーもファイルサーバーと同様に企業でよく使われるサーバーです。プリントサーバーを使うと、プリンターを共有し、大人数で効率的に使用できます。コンピューターや専用のハードウェアを使用するもの、プリンター内蔵式のものがあります。

① プリントサーバーはプリンターの共有に使われる

　1人ひとりはある程度の印刷量を必要とする割に、プリンターを占有している時間は多くありません。このため、プリンターは稼動率から考えて共有されるべきハードウェアです。そのプリンターをネットワーク上で共有するサーバーがプリントサーバーです。

　プリントサーバーはプリンターを共有するとともに、スプーラーサービスを行います。スプーラーサービスとは、プリンターへ印刷データを送るために印刷データを一時的に保管する機能のことです。このとき、印刷データを保管する場所のことをスプールと呼びます。

　スプーラーサービスにより、パソコン側はプリンターのメモリー量に依存せずに印刷データを送ることができるので、パソコン側の負荷を軽減できます。

MEMO　ネットワーク対応のプリンター

LANに対応したインターフェイスを持ち、簡易的なプリンターサーバー機能を持ったプリンターのことを、ネットワーク対応プリンターといいます。業務用プリンターの多くはこの機能を持っています。

パソコンをプリンターに直接接続した場合

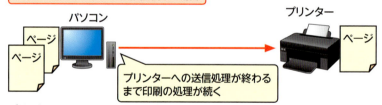

プリンターのメモリー量が少ないため、パソコン側に印刷ページが残る。
パソコン側はプリンターのメモリーの空きを見て、順次送信する

プリントサーバーを導入した場合

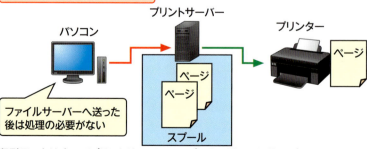

印刷データはすべてプリントサーバーのスプールへ送り、以後はプリントサーバーが送信を行う

 スプール

スプール（spool）は順次処理していくために一時的にデータを記憶する場所のことです。プリンター以外にも、メールサーバーがメールを一時格納する場所をスプールと呼びます。

❷ プリントサーバーの構築と運用

　プリントサーバーはプリンターを共有する役割を持つサーバーですが、それほど高性能のスペックを必要としません。そのため、ほかのサーバーと併用して運用されることが多いサーバーです。また、昨今の業務用プリンターや複合機では、内蔵のプリントサーバー機能を持つ機種が多く、別個にプリントサーバーを構築する必要がないこともあります。

　通常、プリントサーバーに2台のプリンターが接続されている状態では、パソコンから「プリンター1に出力」「プリンター2に出力」のように、プリンターを指定して印刷指示を出します。しかし、これではどちらかのプリンターに指示が偏り、「もう1台のプリンターは空いているのに印刷待ちになる」という状態になりかねません。

　そこで、同機種のプリンターである場合、複数台をまとめて1台の「仮想プリンター」とみなし、この仮想プリンターに印刷指示を出すようにする、という機能を持つプリントサーバーもあります。この方法ならば、仮想プリンターは空いている方のプリンターに印刷指示を出すので、待ち時間の解消になります。

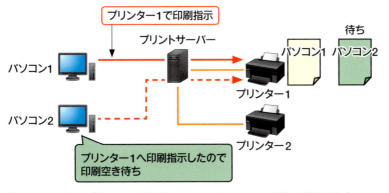

サーバーに2台のプリンターが接続されていても、パソコン側から指示されたプリンターで印刷される

仮想プリンターを設定してそこへ印刷指示をすると、空いているプリンターから印刷される（負荷分散機能）

 仮想プリンター

仮想プリンターとは、実物が存在していないプリンターのことです。また、そのプリンターに出力するとファイルに変換される（PDF変換などが多い）プリンターも仮想プリンターと呼ばれます。

 その他の機能

プリントサーバーでは、プリンターの共有以外にも、プリンタードライバーを共有する機能を持つ場合があります。パソコン側でドライバーをインストールする際にはそれを利用できます。

 プリントサーバーのタイプ

ブロードバンドルーターにプリントサーバー機能が付加されていたり、ネットワーク非対応プリンターを対応プリンターにするための、アタッチメント型のプリントサーバーなどがあります。

Section 03

第5章　ネットワーク内のサーバーの種類を知ろう

データベースサーバーの働きを知ろう

覚えておきたいキーワード
≫ データベース
≫ データベース管理システム
≫ レプリケーション

データベースとは、アプリケーションなどで使用するデータを集合させたもので、データの管理や操作には、データベース管理システムが使われます。多くの場合は、データベースサーバーで運用し、ネットワークを介して共有されます。

1 データベースサーバーはデータの保持と管理を行う

　検索サーバー、ネットショッピング、ネットゲームなどのネット上のサービスは、ほとんどがユーザーや顧客のデータを保持することを前提としています。そのデータは、データベースという形で保持され、その運用にはデータベース管理システムと、データベースサーバーが欠かせません。

　データベースサーバーは、データベースとその管理システムのアプリケーションを持っています。そして、管理システムが持つネットワーク機能により、データに対する検索、閲覧、追加、削除、修正などの処理をネットワーク経由で受け持つことができます。

 代表的なデータベース管理システム

代表的なデータベース管理システム（データベースサーバー）としては、OracleのOracle Database、MicrosoftのSQL ServerやAccess、IBMのDB2などがあります。

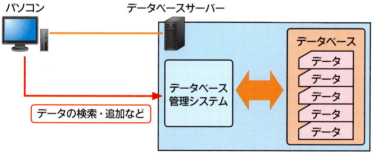

データベースサーバーは、データを格納するデータベースと、格納されたデータを管理し、検索や追加や修正などの要求に応じるデータベース管理システムを持つ

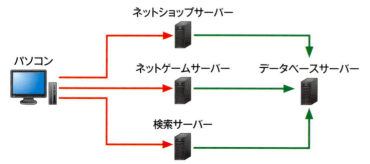

数多くのサーバーの後ろでデータを管理するためにデータベースサーバーが使われている

 SQL

データベース操作言語の1つで、現在のデータベース管理システムでもっともよく使われています。SQLを使うことで、データベースのデータの参照や検索、追加、削除などを行います。

❷ 複数台のデータベースサーバーで負荷を分散する

　データベースサーバーは、業務上の重要なデータを管理する、サービスの中心となるサーバーです。そのため、多くのパソコンからのアクセスが集中してしまうという問題があります。これを解決するためには、ある程度の性能を持ったサーバーが必要となります。
　また、アクセスの集中を避けるため、複数台のサーバーを用意して、負荷を分散することも行えます。その際に、データベースそのものの整合性をとるため、サーバーどうしの同期（レプリケーション）を行います。

Keyword　レプリケーション

レプリケーションは、データを別の場所にリアルタイムでコピーする技術です。決められたスケジュールに従って実行される保管用のバックアップとは異なり、リアルタイムで複製を作成するため、サーバーの故障などに対する即時対応のために使われます。

データベースサーバーには負荷が集中する

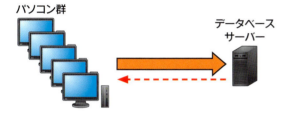

データベースサーバーは、その役割上、多くのパソコン群からアクセスを受けるため、処理能力が高い必要があるが、それでも処理が追いつかないときがある

複数台のサーバーに負荷を分散する

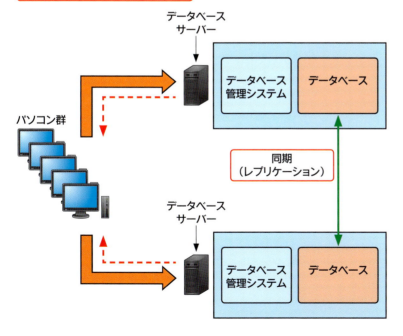

同じデータを持つデータベースサーバーを複数用意し、負荷を分散する。その際、データが同じになるようにデータベースを同期（レプリケーション）させる必要がある

Hint　レプリケーションとミラーリングの違い

レプリケーションもミラーリングも、どちらもリアルタイムコピーですが、ミラーリングは同一のサーバー内の複数のハードディスクに対して行う処理です。一方、レプリケーションは別々のデータベースを持つ複数のサーバーで、互いにデータのコピーを持つという処理になります。

第5章 ネットワーク内のサーバーの種類を知ろう

Section 04 SMTPサーバーの働きを知ろう

覚えておきたいキーワード
≫ メールの中継
≫ スパムメール／スパマー
≫ 第三者中継（オープンリレー）

メールはどこの企業でも使われていますが、このメールを外部に発信したり、外部から来たメールを転送したりするために使用されるサーバーが **SMTPサーバー** です。SMTPサーバーの運用は、セキュリティ上、慎重に行う必要があります。

1 SMTPサーバーはメールの中継を行う

　SMTPサーバーは、送信者から受け取ったメールをあて先のメールサーバーへ転送（中継）したり、あて先のメールボックスへ格納（内部転送）したりします。

　主に、パソコンからメールを受け取って中継するサーバーと、そのサーバーからメールを受け取り、メールボックスへ格納するサーバーの2台が介在します。しかし、そのほかにもさまざまな役割を持ったSMTPサーバーに中継させることができます。

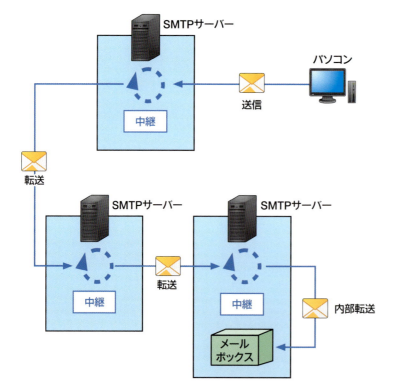

SMTPサーバーは受信したメールを中継し、あて先のSMTPサーバーのメールボックスへ転送していく

メールサーバーとは

ひとことでメールサーバーといった場合、メールの転送のSMTPサーバーと、Section 05で解説するメールボックスからのメール移動を行うPOP／IMAP4サーバーの両方を指します。

SMTPサーバーのさまざまな役割

SMTPサーバーの主な役割はメールの転送ですが、メールと添付ファイルのウイルスチェックを行う、迷惑メールのブロックを行うなどの中継サーバーとしての役割を持たせることもあります。

❷ 第三者中継はスパムメールの温床となるので注意

　スパムメール（迷惑メール）を送信する人や組織をスパマーといいます。スパマーは、送信元が自身だとばれないようにするため、スパムメールを送りたいあて先との間に、別のSMTPサーバーをはさんで送信元をごまかします。

　本来は、正規の利用者（たとえば、企業のメールサーバーならその企業の社員、プロバイダーのメールサーバーならプロバイダー契約者）しかそのSMTPサーバーで中継できないようにしていますが、設定によっては、スパマーのような正規の利用者以外でも中継してしまうことがあります。

　このような中継を第三者中継（オープンリレー）と呼びます。これはスパムメールの温床となるため、メールサーバーを構築する管理者は絶対に行ってはいけないことです。

第三者中継とは

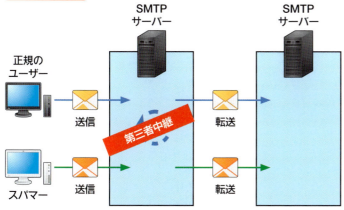

オープンリレーを許可しているSMTPサーバーは、スパマーのメールも中継してしまい、スパムメールの温床となってしまう

第三者中継を禁止する

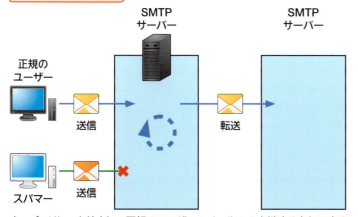

オープンリレーを禁止し、正規のユーザーのメールのみ中継するようにする

 Hint　メールサーバーの利用者を確認する①

スパマーによる第三者中継を防ぐ手立てとして、正規のユーザーであることを確認し、それ以外のユーザーからのメールを中継しないSMTP認証があります。

 Hint　メールサーバーの利用者を確認する②

SMTPはSMTP認証を使わない限りユーザーの確認を行いません。そこで、POPで認証を行ったユーザーのメールのみを中継する方法もあります。これを、POP before SMTPといいます。

Hint　スパムメールの送信を止める

スパムメールの対策の1つとして、「正規のユーザー以外のメールをプロバイダーの外に出さない」というものがあります。これをOutbound（外向け）Port 25 Blockといい、これをOP25Bと呼びます。「Port 25」はメール送信で使われるSMTPのポート番号です。

第5章 ネットワーク内のサーバーの種類を知ろう

Section 05 POP3/IMAP4サーバーの働きを知ろう

覚えておきたいキーワード
- POP3
- IMAP4
- メールボックス同期

SMTPサーバーがメールを中継するのに対し、**POP3/IMAP4サーバー**は、メールボックス内のメールをユーザーのパソコンに転送したり、ユーザーのメールボックスと同期させたりします。両者の役割は似ていますが、動作は大きく異なります。

① POP3サーバーはメールを転送する

　メールボックスに保存されたメールを、ユーザー側（パソコンなど）のメールボックスへ転送する役割を持つプロトコルが**POP3**で、そのためのサーバーがPOP3サーバーです。

　POP3サーバーは、ユーザー側からの要求に対し、**メールボックス内の全メールをユーザー側に転送し、メールボックスを空にします**。ユーザー側はメールソフトのメールボックスに、転送されてきたメールを保存します。

　転送したメールはサーバーから削除され、転送先である端末でのみ確認できる形になるため、POP3はモバイル向けよりも**据え置きのパソコン向け**といえます。

 MEMO POPとは

POP（Post Office Protocol）は、Post Office（郵便局）が名前の由来となっています。郵便局や郵便ポスト（メールボックス）など、メールは郵便関連の名前がよく使われています。

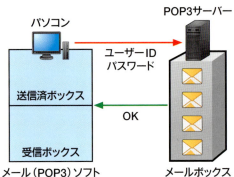

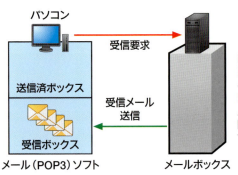

 Hint メールを残す設定にする

POPはサーバーに残す設定をすることで、メールをサーバーに残すことができます。これはメールソフトでその設定をできるかどうかが決まります。

❷ IMAP4サーバーはメールボックスを同期する

　IMAP4 は、サーバー側とパソコン側のメールボックスを同期する役割を持つプロトコルで、そのためのサーバーが IMAP4 サーバーです。POP3 サーバーではメールボックスに保存されたメールをパソコン側へ転送し、サーバー側のメールは削除してしまうので、その点が異なります。

　サーバー側のメールボックスとパソコン側のメールボックスを同じ内容にする（同期する）ということは、別のパソコンのメールソフトから IMAP を使って同期を行うことで、どのパソコンからでも同じメールが確認できる、ということを意味します。反対に、サーバー側とパソコン側で同じメールを保存しているため、メールを削除した場合はどちら側のメールボックスからも削除されてしまいます。

　IMAP4 サーバーはパソコンやスマートフォンなど、複数の端末でのメール利用に便利です。そのため、Web メールやモバイルのメールで使われることの多いサーバーといえます。

IMAP4の利点
IMAP4はここで紹介した特徴以外にも、複数人でメールボックスの一部を共有し、掲示板や回覧板のような使い方ができるなど、POP3ではできない機能があります。

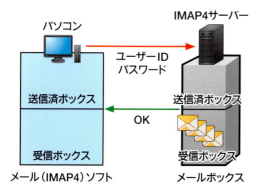

IMAP4サーバーもPOP3サーバーと同様にユーザーIDとパスワードを確認する。
IMAP4サーバーのメールボックスは、メールソフトのように受信、送信済み、下書きなどに分かれている

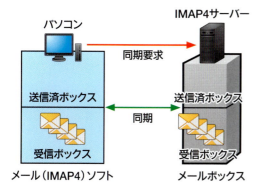

IMAP4はメールの転送ではなく、メールソフトとメールボックスの中身を同じ内容にする同期を行う

POP3の利点
POP3は、しくみが単純であるため、サーバー、メールソフトの作りが軽くなっています。また、メールを移動させるため、サーバーにメールが溜まることがないという利点があります。

第5章 ネットワーク内のサーバーの種類を知ろう

Section 06 FTPサーバーの働きを知ろう

覚えておきたいキーワード
» アップロード、ダウンロード
» 2つのコネクション
» パッシブモード

ファイルの転送に使用されるサーバーが**FTPサーバー**です。Webサーバーへホームページのデータを転送したり、サイズの大きいファイルを転送したりするときに使用されています。以前より利用頻度は減りましたが、ファイル転送の有効な手段です。

① FTPサーバーはファイルの転送に使われる

　FTPサーバーはファイルの転送、つまりパソコンからサーバーへのアップロードや、サーバーからのパソコンへのダウンロードに使用されるサーバーです。

　特によく使われる用途としては、Webサーバーへのホームページのアップロードがあります。また、大きいファイルのアップロード／ダウンロード、たとえばOSやアプリケーションの配布などに使われています。

　現在では、HTTP（Webサーバー）を利用したファイルのアップロード／ダウンロードも行われています。しかし、HTTPによるアップロード／ダウンロードでは、通常のWebサイトの閲覧に加えてファイルの転送を行うため、どうしてもWebサーバーやWebアプリケーションの負荷が高くなってしまいます。その点、FTPにはフォルダの作成や転送中での停止、ファイル内容によりモードを切り替えるなどの機能があるので、現在でも出番があるプロトコルです。

MEMO FTPサーバーとファイルサーバー

ファイルサーバーは使用するOSとファイルフォーマットに依存します。Windows用ファイルサーバーとLinux OS間では使用できず、LinuxにWindowsのファイルサーバーを使うためのソフトを導入する必要があります。一方、FTPサーバーはクライアントのOSは関係なく、FTPソフトが使えるOSならば使用できます。

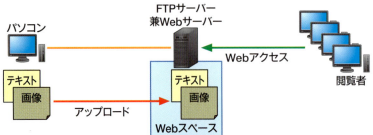

Webサイトへのホームページのデータのアップロードは、よく使われるFTPの利用法である。この際には、テキストファイルは改行コードなどを考慮してアップロードされる

特に大きいサイズのファイル（OSイメージファイルなど）の公開にはFTPサーバーを使う場合がある

Hint 改行コードの変換

Windowsの改行コードはCR（行頭復帰）とLF（行送り）で改行、LinuxではLFのみで改行します。よって、FTP（テキストモード）でLinuxからWindowsへ送信する際には、LFにCRを追加します。逆の場合はCRを削除します。

② FTPのパッシブモードでファイアウォールによるブロックを回避

　FTPでは、ユーザーID・パスワードの入力、ファイルの一覧表示、ファイルの転送などの命令を送るコントロールコネクションと、ファイルそのものを送るデータコネクションの2つのコネクションを使用します。

　コントロールコネクションではパソコンからサーバーへ接続を要求しますが、データコネクションではサーバーからパソコンへ接続を要求します。つまり、データコネクションはインターネット側からLAN側への接続を行います。そのため、ファイアウォールにブロックされてしまい、接続できなくなります。

　そこで、パッシブモードと呼ばれるモードに切り替え、データコネクションもパソコンからサーバーへ接続するように設定しなければなりません。

MEMO パッシブモードで行われる処理

パッシブモードでは、パソコン側でパッシブモードを宣言すると、サーバー側から接続に使用するポート番号を通知されます。パソコンはそのポート番号へ接続を行います。

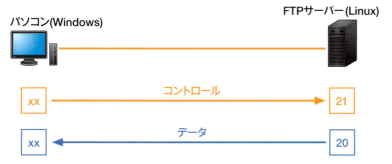

FTPではコントロール（ポート番号21）と、データ（ポート番号20）の2つのコネクションを使用する。データコネクションはサーバー側から接続することがポイント

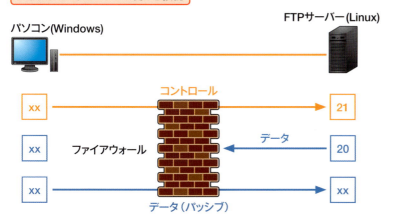

ファイアウォールがあると、サーバーからの接続は内部へのアクセスとなるためブロックされる。そこで、パッシブモードを使用し、パソコン側からサーバーへ接続することで回避する

Hint 接続を自動許可するファイアウォール

ファイアウォールによっては、パッシブモードを使用しなくても、FTPの場合のみサーバー側からのデータコネクションの接続を自動で許可するしくみを持つものがあります。

第5章 ネットワーク内のサーバーの種類を知ろう

Section 07 アプリケーションサーバーの働きを知ろう

覚えておきたいキーワード
≫ 3層システム
≫ ミドルウェア
≫ 障害

アプリケーションサーバーとは、ビジネスで使用するプログラムを利用するためのサーバーで、クライアントからの要求に応じて、さまざまな業務を実施します。オンラインショップなどの電子商取引や、企業内の基幹システムなどで使用されています。

① 3層システムの中間に位置するアプリケーションサーバー

ビジネスのプログラムを実行するもっとも一般的な形は3層システムと呼ばれるもので、データベースサーバー、Webブラウザーと Webサーバー、アプリケーションサーバーの3つのシステム階層で構成されます。

データベースサーバーは、データベース管理システムとデータベースを持ち、ビジネスで使用されるデータを保持・管理します。画面表示とデータの入力は、パソコン側のWebブラウザーとWebサーバーが担います。そして、ビジネスプログラムを持ち、Webブラウザーや Webサーバーとデータベースサーバーの橋渡しを行うのが、アプリケーションサーバーです。この3つのシステム階層でビジネスのシステムを構築しています。

この3層システムでは、データベースサーバーは「データベース層」、Web ブラウザーと Web サーバーは「プレゼンテーション層」、アプリケーションサーバーは「アプリケーション層」と呼ばれています。また、アプリケーションサーバーのアプリケーションは、ちょうどそれらの中間にあるため、ミドルウェアとも呼ばれます。

Keyword ミドルウェア

ミドルウェアはOSとアプリケーションソフトの中間に位置するソフトウェアのことで、アプリケーションサーバー、データベース管理ソフト、サーバーの監視や資源配布を行う管理ソフト、クラスターの構築ソフトなど多岐にわたります。

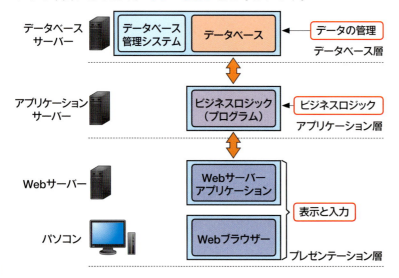

Keyword ビジネスロジック

ビジネスロジックとは、業務の流れや処理の方法などを、表示方法（プレゼンテーション層）とデータへのアクセス（データベース層）から独立させて表現したものです。つまり、業務の中核部分のプログラムといえます。

118

2 アプリケーションサーバーを運用するときの注意

アプリケーションサーバーを運用するには、いくつか注意すべきことがあります。まず、起動と停止の順序についてです。アプリケーションサーバーを動作させるにはデータベースへの接続が必須のため、データベースサーバーよりあとに起動し、停止する場合は先に停止させないとエラーが発生します。

また、アプリケーションサーバーは多くの場合、多くのアクセスを受けるサーバーであったり、企業の基幹を担っていたりします。重要なサーバーであることが多いため、複数のサーバーに同一の役割を持たせることで、負荷を分散させたり障害に備えたりすることが重要となります。

Hint Webサーバーとの一体型もある

ビジネスロジックの実行と、WebサーバーによるHTTPアクセスの両方ができる一体型のアプリケーションサーバーには、MicrosoftのIISや、JavaEEアプリケーションサーバーなどがあります。

サーバーの起動・停止順序に注意

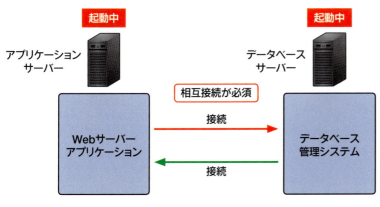

アプリケーションサーバーは、データベースサーバーとの接続が必須なため、データベースサーバーが起動している状態でしか起動できない

MEMO 負荷を分散する

ユーザーからのアクセスが大量になると、サーバーの負荷が上がり、応答が遅くなるなどの弊害があります。そのため、複数のサーバーにアクセスを振り分けることがあります。これを「負荷分散」と呼びます。

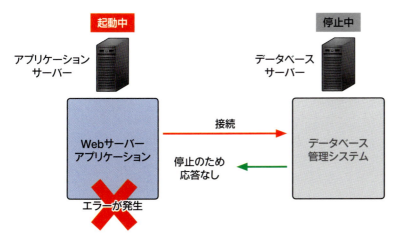

データベースサーバーが停止中のときにアプリケーションサーバーを起動したり、アプリケーションサーバーが起動中にデータベースサーバーを停止したりすると、データベースサーバーに接続できないため、エラーが発生する

MEMO 障害に備える

サーバーの故障や、ソフトウェアの停止などのことを「障害」と呼び、これを防いで稼動し続けることを「可用性」と呼びます。可用性は、予防保守や予備機の設置などにより高めることができます。

Section 08 DHCPサーバーの働きを知ろう

第5章 ネットワーク内のサーバーの種類を知ろう

覚えておきたいキーワード
- IPアドレスプール
- リース期限
- リレーエージェント

DHCPサーバーはLANで使用されるサーバーで、LANに接続されたパソコンにIPアドレスや各種ネットワーク設定を配布する役割を持ちます。パソコンのネットワーク設定作業を軽減できるため、多くのLANで使用されています。

① DHCPサーバーはIPアドレスなどのネットワーク設定を配布する

DHCPサーバーは、ブロードキャスト（第4章のSection 05を参照）を利用して、IPアドレスが未設定のパソコンにIPアドレスなどのネットワーク設定を配布し、各パソコンはそれを自身に設定します。これにより設定を自動化でき、管理作業が軽減されます。

DHCPサーバーがIPアドレスを配布する際には、配布するIPアドレスの範囲をIPアドレスプールとしてあらかじめ設定しておきます。また、IPアドレスとともに配布するネットワーク設定（パソコンが使用するDNSサーバーのアドレスや、デフォルトゲートウェイなど）も決めておきます。

MEMO DHCPサーバーでの設定が主流
手動でIPアドレスなどを設定するとミスや重複が発生し、手間もかかることから、基本的にはDHCPサーバーでの設定が主流となっています。

MEMO DNSサーバーのアドレス
DNSサーバーは、ドメイン名からIPアドレスを調べるためのサーバーです。各パソコンに、使用するDNSサーバーのアドレスを設定しないと、URLやメールアドレスに使われているドメイン名をIPアドレスに変換できません。

MEMO デフォルトゲートウェイの設定
パソコンが外部ネットワークへ送信するために通常使用するルーターをデフォルトゲートウェイと呼びます。家庭などではブロードバンドルーターがそれに当たります。デフォルトゲートウェイを設定することで、パソコンは外部に接続することができるようになります。

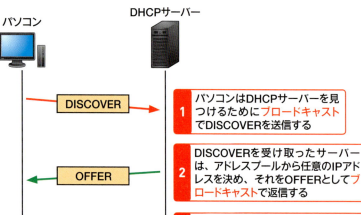

1. パソコンはDHCPサーバーを見つけるためにブロードキャストでDISCOVERを送信する
2. DISCOVERを受け取ったサーバーは、アドレスプールから任意のIPアドレスを決め、それをOFFERとしてブロードキャストで返信する
3. OFFERを受信したパソコンは、伝えられたIPアドレスでよければ、それをREQUESTとしてブロードキャストで返信する。違うIPアドレスがよければそれを返信する
4. REQUESTに対し、サーバーはACKをブロードキャストで返信し、使用を許可する。その際に、DNSサーバーやデフォルトゲートウェイなどの情報も通知する

② IPアドレスのリース期限とDHCPのリレーエージェント

　DHCPサーバーがIPアドレスを配布する際には、そのIPアドレスをパソコンが使用できる期限（リース期限）を設定し、期限の切れたIPアドレスは再利用を行います。リース期限をむかえたとき、各パソコンはそのままIPアドレスを使い続けたい場合は、延長要求をサーバーに対して行います。

　また、DHCPはブロードキャストを利用するため、ネットワーク（サブネット）ごとにDHCPサーバーが1台ずつ必要になります。しかし、これではサーバーの台数が増加するため、ルーターにDHCPのブロードキャストを中継させて、別のネットワークに対してもIPアドレスの配布を可能にする方法があります。このルーターの機能は、リレーエージェント機能と呼ばれます。

MEMO リース期限の確認
Windowsではコマンドプロンプトで、「ipconfig /all」と打つことで、配布をしているDHCPサーバーのIPアドレスや、リース日時、リース期限日時を確認できます。

DHCPリレーエージェント

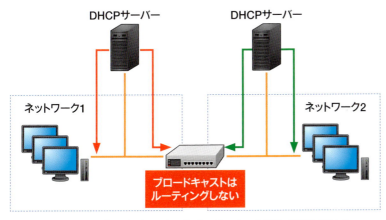

DHCPのやりとりはブロードキャストのため、ルーターを越えて送信できない。したがって、サーバーはネットワーク（サブネット）ごとに1台必要となる

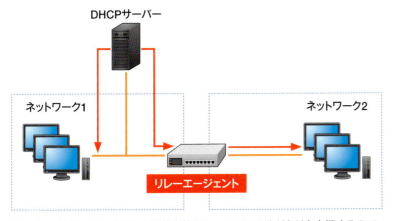

ルーターのリレーエージェント機能を使うと、DHCPのやりとりを中継するので、DHCPサーバーの数が少なくて済む

Hint DHCPサーバーはどこにある
企業などでは、社内のサーバーコンピューターによってDHCPサービスが提供されていることが多いですが、家庭で使用されるブロードバンドルーターにも、DHCPサーバー機能が備わっています。このため、特にDHCPサーバーを用意しなくても、家庭内のネットワークにIPアドレスを配布できます。

Section 09

第5章 ネットワーク内のサーバーの種類を知ろう

その他のサーバーの働きを知ろう

覚えておきたいキーワード
≫ ユーザー認証
≫ プロキシーサーバー
≫ Webフィルター

ネットワークで利用されているサーバーには、さまざまな種類があります。一般的に使用されているのは、セキュリティのためのサーバーや、特定の業務に使用するサーバーなどです。ここでは、認証とWebフィルターのサーバーについて説明します。

① ユーザー名とパスワードの確認を行う認証サーバー

　企業内のLANでは、パソコンにログインする際にユーザー名とパスワードが必要となることがあります。また、無線LANの接続時などにも、利用者のユーザー名とパスワードが要求され、それにより利用者を確認することがあります。

　このような際に、要求されたユーザー名とパスワードの確認を行うことをユーザー認証と呼び、このときに使用するサーバーが認証サーバーです。認証サーバーとして一般的に使用されているものとして、RADIUSサーバーがあります。

 RADIUSサーバー

ユーザーIDとパスワードの確認と、そのユーザーIDの情報（利用状況など）を管理するサーバーです。もともとは電話でのインターネット接続の際に使われていましたが、現在では無線LANなどでも使われています。

ネットワークの利用時に、正規のユーザーであることを示すことをユーザー認証と呼ぶ

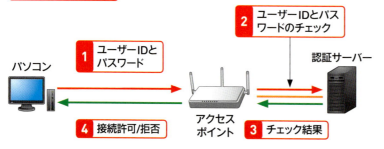

無線LANのIEEE802.1Xユーザー認証では、アクセスポイントと認証サーバー（RADIUS）を利用して、ユーザーIDとパスワードによる認証を行う

 RADIUSサーバーが必要な場合

無線LANに接続する際に、ユーザーIDとパスワードが要求されるのは、「WPAエンタープライズ」または「WPA2エンタープライズ」をアクセスポイントが使用している場合です。この場合、図のようにRADIUSサーバーが必要となります。

❷ 特定のサイトへのアクセスを禁止するプロキシーサーバー

インターネットでWebブラウジングをする際に、パソコンからの要求を受け、代理でインターネット上のWebサーバーへ要求を送るサーバーを<u>プロキシーサーバー</u>と呼びます。プロキシーサーバーでは、パソコンからの要求を受け取った際に、その要求先のWebサイトを見てよいか、見てはいけないかという判断を行うことができます。

この判断を<u>Webフィルター</u>と呼び、プロキシーサーバーはこれを行うことで、不必要なWebサイトや問題のあるWebサイトへの要求を禁止します。多くの企業や学校などでは、このフィルターを行うためにプロキシーサーバーを導入しています。

MEMO その他の役割

プロキシーサーバーのWebフィルター以外の役割としては、アクセスしたWebページを一時保管し、再度のアクセスの際に早くアクセスできるようにするキャッシュ機能があります。

代理アクセス機能

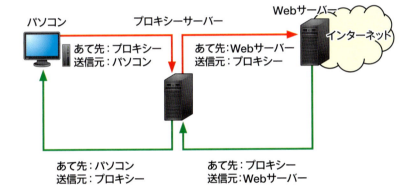

プロキシーサーバーは、Webアクセスの要求を代理で受け付け、インターネットのWebサーバーへ送る。それの応答も代理で受け付け、パソコンへと送る役割を持つ

Webフィルター機能

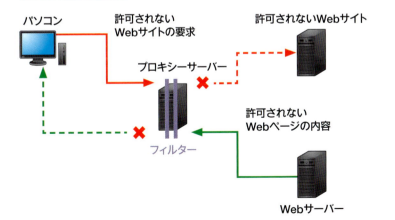

プロキシーサーバーは、許可されていないWebサイトへの要求や、望まない内容のWebページなどの代理を行わない（フィルタリングする）ことで、Webフィルターを実現する

MEMO フィルタリングの方法

プロキシーサーバーが行うフィルタリングの方法には、「特定のURLへのアクセスを禁止する」URLフィルター、「特定のキーワードや画像が含まれているページを表示させない」コンテンツフィルターなどがあります。

DNSによる名前解決について

　第5章ではさまざまなサーバーについて説明しました。ですが、ここで解説したサーバー以外のサーバーもインターネットでは使われています。ここではそのうちの1つ、「ネームサーバー（DNSサーバー）」とそのプロトコルであるDNSについて説明します。

　DNSは第4章のSection 15で説明した「名前解決」のためのプロトコルです。ドメイン名からIPアドレスを調べるためのプロトコルで、そのための問い合わせを行うサーバーのことを「DNSサーバー」または「ネームサーバー」と呼びます。

　この「ネームサーバー」を使って、インターネット上にある世界中のサーバーのドメイン名を管理しているわけですが、インターネットのすべてのドメイン名を1台で管理しているわけではありません。ではどのように管理しているかというと、ドメインの階層ごとに管理を行っています。

　たとえば、ドメイン名は「www.gihyo.jp」のような形になっています。末尾のjpは国、gihyoは組織名を表し、それぞれに対して管理するネームサーバーが存在しているのです。つまり、「jp」を管理するサーバーが「gihyo.jp」を管理するサーバーを知っており、その「gihyo.jp」のサーバーが「www.gihyo.jp」のサーバーを知っている、ということになります。

　また、「jp」を管理するサーバーを知っているサーバーは、階層的に1番上にいるサーバーで、「ルートサーバー」と呼ばれています。ルートサーバーは、全世界で13台あります。

　インターネットで使われているドメイン名は重複がないように管理されています。この管理を行っている団体は、ICANN（The Internet Corporation for Assigned Names and Numbers）で、ここが大元となっていますので、その下部組織として、それぞれの国ごとにある団体（Network Information Center：NIC）が管理しています。日本の場合は、JPRS（Japan Registry Services：日本レジストリサービス）です。

　JPRSが管理している日本で使われるドメイン名は、「〜 .jp」という形になります。これをJPドメインといいます。最近では、日本語を使ったドメイン名、たとえば「日本語.jp」のような「日本語ドメイン」も使われています。

　ドメイン名とネームサーバーはインターネットでも大事な技術です。そのため、いろいろとおもしろいところがありますので、ぜひ調べてみてください。

DNSによる名前解決の手順（www.gihyo.jpを調べる）

第6章 ネットワークの管理と運用をしよう

Section	01	ネットワークの管理と運用とは？
Section	02	ネットワーク管理に必要なコストは？
Section	03	ネットワーク管理者の仕事とは？
Section	04	ネットワークの構成を管理しよう
Section	05	ネットワークのパフォーマンスを管理しよう
Section	06	ネットワーク機器の情報を収集するには？
Section	07	レスポンスタイムをチェックするには？
Section	08	ルーターやハブの反応チェックと障害対応
Section	09	ネットワーク回線の反応チェックと障害対応
Section	10	データ保護への対策を考えよう
Section	11	データのバックアップをとるには？
Section	12	設備や施設をメンテナンスして障害を予防しよう
Section	13	ユーザー管理をしよう

第6章 ネットワークの管理と運用をしよう

Section 01 ネットワークの管理と運用とは？

覚えておきたいキーワード
≫ 24×365
≫ 5つの管理業務
≫ ネットワーク管理者

ネットワークそのものが必要ということはあまりなく、たとえば業務アプリケーションによるコストダウンのように、何かを実現するためのものがネットワークです。ネットワークはそのためのインフラとして常に動作している必要があります。

1 合言葉は「24時間×365日」

　業務などのインフラとして、ネットワークは常に正しく動作していることが必要とされます。それはよく 24×365 というキーワードで表されます。つまり、24時間×365日、常にいつでも、という意味です。

　しかし、ネットワークを構築したからといって、それをそのままにしておいては 24×365 は実現できません。必要なのは、ネットワークの状態の監視・確認を行い、機器のアップデートや障害対応、セキュリティインシデントの防止などを行う「管理」と「運用」を常に行っていくことです。

 **24×365**

24×365＝8,760時間となります。もし99.99%稼動したとしても、52分は停止することになります。よって、常に稼動しつづけることがネットワーク管理で重要となります。

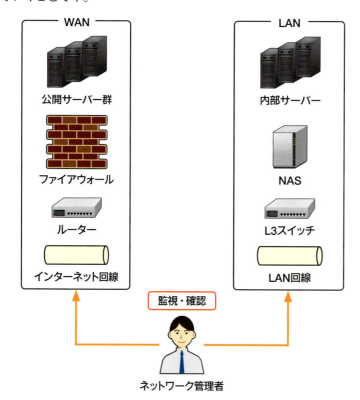

 セキュリティインシデント

インシデントとは「出来事」「事件」などの意味があり、セキュリティインシデントはセキュリティを侵害する事象、ウイルス感染や不正侵入などのことを指します。

❷ ネットワークの5つの管理業務

　ネットワークの管理・運用は大きく分けると、5つの管理業務に分けることができます。それは、構成管理、性能管理、障害管理、アカウント管理、セキュリティ管理です。詳細に分けるともう少しありますが、基本としてはこの5つになります。

　これらはどれも、「現在のネットワークの状態を監視・確認する」という意味では同じです。そのうえで、「構成管理」ならばネットワーク構成を変更する、「性能管理」ならば性能が不足している機器を見つけて変更する、「障害管理」ならば予防保守を行う、などのように、それぞれの管理業務ごとに対応をとっていくことになります。

　これらの作業を専門で行う担当者をネットワーク管理者と呼びます。組織の規模によっては何人かのグループで管理業務を担当することもあります。

 管理業務の分類

管理業務をより詳細に分類すると、「ネットワーク計画」「監視」「課金管理」「帯域制御」「品質管理」などがあります。5つの分類に含まれるものもありますが、複数の分類にまたがっているものもあります。

管理業務

構成管理
【目的】機器の現在の設定や配置を管理し、把握することで障害やセキュリティインシデント、更新などに備える
【作業】サーバーや機器などの配置をドキュメント化して管理し、その動作を監視ソフトなどを用いて監視する

性能管理
【目的】機器やネットワークの性能を把握することで、効率的な利用を行う。また障害や更新などに備える
【作業】サーバーや機器などのリソースの使用量を測定し、現在のネットワークでの使用状況を確認する。また、その使用状況のログを取り、日々の変更状態を測定する

障害管理
【目的】障害に備え、対策を行うことでネットワークの稼働率を高める
【作業】サーバーや機器の動作状況を把握するため、監視ソフトなどで監視し、障害の有無を把握する。障害があった場合はその切り分け、代替を行うことで、対応を行う

アカウント管理
【目的】アカウントを管理することで、ユーザーの利便性を向上させ、セキュリティを高めることにもつなげる
【作業】ユーザーIDの追加、削除、変更などの管理、使用状況の確認などを行う。また、パスワードの設定を行う

セキュリティ管理
【目的】管理・監視することでセキュリティを高め、損害を被るリスクを下げる
【作業】ネットワークの不正侵入や、情報漏洩に対する技術的な対策や、ユーザーに対する規約の設定やセキュリティ教育などを行う

 本書の解説との対応

第6、7章では、この5つの分類についてそれぞれ説明していきます。具体的な対応は以下の通りです。

構成管理：第6章 Section 04
性能管理：第6章 Section 05〜07
障害管理：第6章 Section 08〜12
アカウント管理：第6章 Section 13
セキュリティ管理：第7章

Section 02

第6章 ネットワークの管理と運用をしよう

ネットワーク管理に必要なコストは？

ネットワークを最初に導入する際の**初期コスト**は、機器の数や作業量から容易に見積もることができます。しかし、その後の管理に必要なコスト、つまり**運用（ランニング）コスト**は決して容易に見積もることはできません。

覚えておきたいキーワード
≫ ランニングコスト
≫ 人件費
≫ サポート保守契約

1 ネットワークの運用管理に必要な人件費

ネットワークの運用管理に必要なコストとして、まず挙げられるのが**人件費**です。ネットワークを維持するためにはネットワーク管理者を確保しておく必要があります。特に、管理作業などはネットワークの性質上、業務を実施している日中に行うことは難しく、**深夜や休日などに作業を行う**ことが多くなるため、手当などを含む人件費は高くなります。

また、24×365を実施するためには管理者の人数も必要となります。場合によっては、**呼び出しなどを行う体制**を整える必要もあり、さらに、**必要なスキルを持つ管理者**を確保しなければならないとなると、人件費がますますかさむことになります。

> **MEMO 管理体制の構築**
> ネットワーク管理の重要なポイントとして、管理体制の構築があります。障害やインシデント発生時の連絡・報告や、実際の保守作業などの体制を整える必要があります。

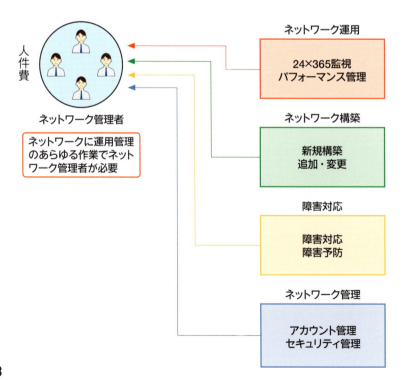

> **Hint ネットワーク管理者のスキル**
> ネットワーク管理者に必要なスキルは、管理組織の立ち位置によって変わりますが、ネットワーク技術知識、OSの動作と管理、サーバーアプリケーションの知識などが必要となります。

❷ 人件費以外のランニングコスト

　人件費以外では、主として機材・機器にかかる費用があります。初期の構築で必要となった機材・機器以外にも、故障や障害に備えて用意しておく予備機材の分がどうしても必要となります。具体的には、LANケーブルやスイッチングハブなどは、故障やネットワークの拡大に備えてある程度は保持しておかなければなりません。

　また、ルーターやサーバー、ファイアウォールなどは、提供しているベンダーのサポート保守契約により、機器の故障時の対応などが可能になります。この場合は、契約代金などもランニングコストに含まれることになります。

> **MEMO　保守契約の形態**
> 保守契約には、管理者が常駐する、ネットワーク経由で監視する、トラブル時のみ対応する、故障時の交換のみを行うなどがあります。これより費用が異なります。

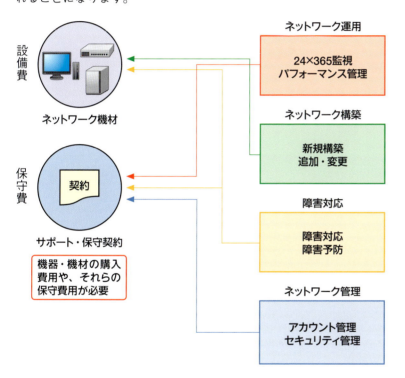

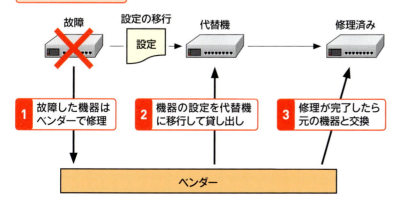

> **Hint　その他の保守費用**
> 保守費用には、ベンダーとの保守契約以外にも、管理ツールや管理機器の導入・契約費用などが含まれます。

第6章 ネットワークの管理と運用をしよう

Section 03 ネットワーク管理者の仕事とは？

覚えておきたいキーワード
- 監視・管理
- 管理日誌
- サポート業務

ネットワーク管理者はさまざまな仕事を行いますが、日常的に監視や確認を行うことが仕事の中心です。また、機器の変更や更新なども行います。それ以外にも、別の社員へのトラブルサポート、業者への対応なども仕事の1つとなります。

1 日常的にネットワークの監視と確認を行う

ネットワーク管理者の日常の仕事は、監視・確認業務が中心となります。たとえば、ネットワークの状態を把握する作業では、障害が発生していないか、性能は十分か、といったことを監視ツールを使って確認します（Section 06を参照）。また、サーバールームは適正な温度・湿度を保っているか、などを目視で確認することも重要です。

また、それらの内容を管理日誌などに記述しておきます。これは大事な履歴とナレッジになります。あとからこれを確認することで、異常を見つけたり、トラブルへの対応策を思いついたりすることがあります。

MEMO 管理日誌に記述するもの

管理日誌には主として、日々の監視や計測の結果を記述します。具体的には、ネットワークの利用状況や、メールの送受信量、サーバーのアクセス数、その日にあったトラブル、引き継ぎ事項などを残します。

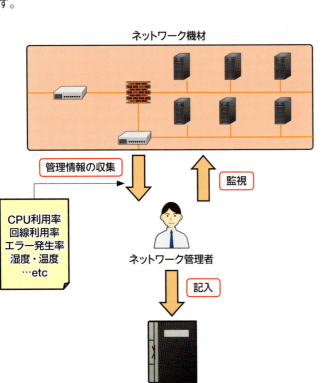

Keyword ナレッジ

ナレッジ（knowledge）は知識、事例のことを指します。これを集積することにより、障害時に行う作業の事前準備や、障害の発生しにくい構築法の教育などに生かせることになります。

② 非定型業務と定型業務に対応する

　日常以外の作業としては、突発的に発生する作業や、定期的に発生する作業があります。突発的に発生する作業（非定型業務）には、障害・トラブル・インシデントなどに対応する作業や、別の社員からの質問や要求に答えるサポート作業があります。

　定期的に発生する作業（定型業務）には、週月年単位で行うバックアップ作業や、回線や機器のサポート契約の更新を行う作業などがあります。ほかにも、異動があったときや新入社員が入社したときに、ユーザーの登録・削除作業が発生します。

Keyword　インシデント

インシデントは、トラブルと、トラブルが起きそうな問題点を含んだ概念です。トラブルが発生しそうな問題点を見つけ出し、解消することもインシデント管理となります。

非定型業務

サポート業務 ― 利用者のトラブルなどの対応

障害対応 ― 機器の不調や故障への対応

セキュリティ インシデント ― セキュリティの問題やパッチなどの適用

ネットワーク管理者

定型業務

ユーザー 登録・削除 ― 入社や退職・異動などに対応

バックアップ ― データや設定などの定期的なバックアップ

回線・サポート契約 ― 月間／年間で契約している内容の更新

MEMO　バックアップについて

定型業務に含まれるバックアップについては、Section 10で詳細に説明します。

Section 04

第6章 ネットワークの管理と運用をしよう

ネットワークの構成を管理しよう

覚えておきたいキーワード
≫ 構成要素
≫ ドキュメント
≫ ドキュメント作成

ネットワーク管理の管理業務の1つが「構成管理」です。これは主に、「現在のネットワークの構成」を把握することです。また、ネットワークの構成状況をドキュメントとして残しておくことも重要な作業です。

1 ネットワークの構成状況と設定情報を把握する

　構成管理は、現在のネットワークの状態を把握するための業務です。これはネットワークにおけるさまざまな状況、たとえば障害の発生や、機器の更新、メンテナンス、トラブルなどに対応するための情報として、非常に重要な管理業務になります。

　ネットワークの状態とは、ハードウェア面とソフトウェア面の両方でネットワークを構成する要素（構成要素）の状態のことです。

　ハードウェア面では、使用している機器の情報、回線の情報などを把握します。機器の情報とは、たとえばパソコンならばそのメーカー、CPUやメモリーなどの部品の構成やスペック、配置場所、導入年月日、導入費用、減価償却日、使用者名などです。また、回線の配線状況も重要な情報です。部屋の配置とそこへの配線がどの種類で何本かなど、ビルの図面を利用して状態を把握します。

　一方のソフトウェア面では、各パソコン・サーバーのOSやソフトのバージョン、IPアドレスや使用ポート番号などの設定情報、ネットワーク機器のネットワーク表などのネットワーク設定情報、WAN回線で使用しているIDとパスワードなどを把握します。

　これらを把握し、文書化してドキュメントとして残し、さまざまな状況で利用します。

MEMO ハードウェアのスペック

ハードウェアのスペックを管理することで、パフォーマンスの測定やメンテナンスに役立ちます。パフォーマンス不足の場合は、サーバー全体の交換や、構成部品の変更などで対処することになります。

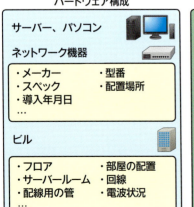

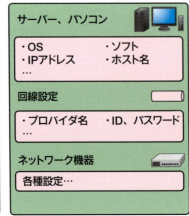

MEMO バージョンの管理

ソフトウェアのバージョンを管理することは、そのバージョン固有のセキュリティの問題などを把握するために必要です。また、ほかのソフトウェアとの連携のため、あえて旧バージョンを使用することもあります。

② ネットワークの構成要素を文書化する

ドキュメントとは文書類のことで、ネットワークの構成状況を文書として残しておくことは、とても大事なことです。左ページで説明したように、構成要素の「構成状況」と「設定情報」を複数のドキュメントとします。構成状況はネットワーク構成図などの構成ドキュメントに、設定情報はサーバー設定やネットワーク機器設定などの設定ドキュメントとします。

これらの文書には必ず最新の状況を反映しておかなければならないため、構成や設定を変更したら、そのつど書き直すことが重要です。

また、回線の契約書や、プロバイダーの契約書などの書類も確実に保存しておく必要があります。

MEMO ネットワーク構成図を作成するツール
ネットワーク構成図の作成に使えるツールには、MicrosoftのPowerPointやExcelなどのオフィスソフトに加え、同じMicrosoftのVisioやフリーソフトがあります。また、ネットワークに流れるデータを収集してネットワーク構成図を生成するソフトもあります。

構成ドキュメント

ネットワーク構成図
ネットワークの機器
サーバーの配置図

IPアドレス一覧
使用IPアドレスの一覧

ルーター・ハブポート使用状況
ルーター・ハブのポートの接続対象

設定ドキュメント

サーバー設定
サーバーの設定
バックアップ

ネットワーク機器設定
ルーター、ファイアウォールの設定のバックアップ

ユーザー一覧
ユーザー・グループの一覧
メールアドレスの一覧

ネットワーク構成図の例

サーバールーム
Webサーバー x.x.x.x / メールサーバー x.x.x.x / DNSサーバー x.x.x.x
外部ルーター x.x.x.x ─ x.x.x.x ファイアウォール x.x.x.x
インターネット
DMZ x.x.x.x/x
アプリサーバー x.x.x.x / メールサーバー x.x.x.x / DNSサーバー x.x.x.x
L3スイッチ x.x.x.x ─ x.x.x.x
社内サーバー x.x.x.x/x

1F 経理総務 X.X.X.X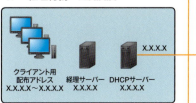
クライアント用配布アドレス x.x.x.x～x.x.x.x / 経理サーバー x.x.x.x / DHCPサーバー x.x.x.x

1F 営業1課 X.X.X.X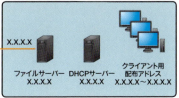
ファイルサーバー x.x.x.x / DHCPサーバー x.x.x.x / クライアント用配布アドレス x.x.x.x～x.x.x.x

Hint 手順書も残しておく
図に示したドキュメント以外にも、頻繁に行う作業ではないものの、サーバーの構築やバックアップ手順などの「手順書」も残しておく必要があります。

第6章　ネットワークの管理と運用をしよう

Section 05 ネットワークのパフォーマンスを管理しよう

ネットワークは構築したら終わり、というものではなく、使用状況に応じて、機器の更新などを実施していかなければなりません。そのためには、ネットワークの性能を監視し、**必要な性能に足りているかどうか**をチェックする必要があります。

覚えておきたいキーワード
≫ パフォーマンスの要因
≫ ボトルネック
≫ トラフィック量

1 パフォーマンスはサーバーとネットワーク機器・回線の性能で決まる

　ネットワークの性能（パフォーマンス）を管理することは、現在のネットワークの利用状況や、性能の余剰または不足を把握することです。これを把握することで、現在のネットワークの効率的な利用を図り、さらにネットワークの更新時期や更新内容を決定することができます。また障害のリスクを分析することにもつながります。
　ネットワークのパフォーマンスを決める要因を大別すると、**サーバーの性能**と、**ネットワーク機器（ルーター、ハブなど）と回線の性能**に分かれます。
　サーバーの性能を決めるものには、サーバーのCPUの性能や、メモリーの容量、メモリーやHDDの書き込み・読み出し速度、プログラムの効率性などがあります。
　一方、ネットワーク機器と回線の性能は、ルーターはサーバーと同様にメモリーの容量や書き込み・読み出し速度、CPU性能が決定します。ハブは、CPU性能や内部バスの速度、回線は回線速度で性能が決まります。

MEMO　パフォーマンス測定ツール

パフォーマンス測定ツールには、Linuxのnuttcpのように、通信速度や遅延などを測定するツール、Apache JMeterのようにサーバーへアクセスを集中して行う負荷ツール、ハードディスクやCPUの能力を測定するツールなどがあります。

サーバーに起因する問題

・CPU：CPUが遅く、アクセス過多で対応できない
・メモリー：メモリーの容量不足や不必要なソフトウェアの起動
・HDD：HDDの読み書き速度が遅い
・ソフトウェア：プログラムの記述に不必要なところがある
・NIC：アクセスの集中により、NICが対応できなくなっている

ネットワーク機器に起因する問題

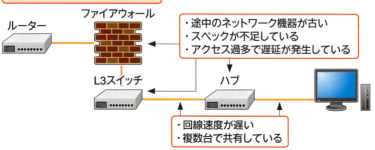

・途中のネットワーク機器が古い
・スペックが不足している
・アクセス過多で遅延が発生している

・回線速度が遅い
・複数台で共有している

Hint　CPUのコア数による性能の違い

CPUの中核部分で、実際の処理を行う部分をコアと呼びます。1つのCPUで2つ（デュアル）、4つ（クアッド）のコアを持つものなどがあります。コア数が増えると並列で処理できる命令数が増えるため、高速になります。

❷ ボトルネックの解消でネットワークの処理性能を上げる

　ネットワークの性能は、いちばん性能が低い箇所で全体の処理性能が決まってしまいます。これをボトルネックと呼びます。たとえば、高性能のサーバーやルーターを使っていても、ハブが旧式ならばそのハブの性能が上限となってしまいます。ネットワークの処理性能を上げるためには、このボトルネックを解消する必要があります。

　ボトルネックを発見するためには、ネットワークの詳細な監視と確認作業が必要となります。たとえば、ネットワークのボトルネックを発見するためには、ネットワークの機器間の応答時間を1つ1つ計測します。それにより、「特に遅くなった区間」を発見することでボトルネックを見つけ出します。サーバーではCPUやメモリーの利用率、HDDの読み書き速度などを計測し、使用率が100%に近い構成要素を見つけ出すことで、ボトルネックを発見します。

📝MEMO ボトルネックの例

たとえば、道路で例えてみると、車線数が多い道路のほうが交通量が多くなります。しかし、車線数が減少している地点があるとそこで渋滞が起き、全体の交通量が低下します。

ボトルネックとは

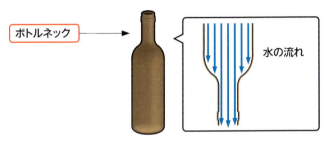

ビンから出る水の量は、ビンのいちばん細い箇所（首）のサイズで決まる

ネットワークのボトルネック

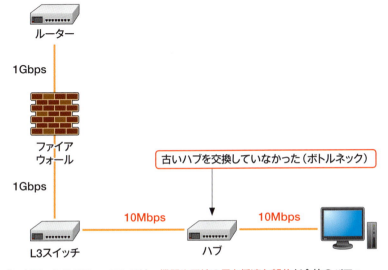

ネットワークのパフォーマンスは、機器や回線の最も低速な部分が全体のパフォーマンスとなる

📝MEMO トラフィック量を測定する

トラフィック（Traffic）は交通量のことで、ネットワークを流れる信号やデータのことを指します。流れるデータ量のことをトラフィック量と呼び、パフォーマンス測定では重要な要素です。測定方法はSection 06で説明します。

第6章 ネットワークの管理と運用をしよう

Section 06 ネットワーク機器の情報を収集するには？

覚えておきたいキーワード
≫ SNMP
≫ ネットワーク監視ツール
≫ 統計情報の収集

ネットワークの管理では、情報を収集して分析する必要があります。集めるべき情報は、ネットワークの送受信量や、メモリー・CPUの利用率、HDDの残容量など多岐にわたります。これらの情報を分析し、性能管理や障害対応などに役立てます。

1 ネットワーク機器の情報を収集する手段とは

　ネットワークのデータの流れは目に見えないため、何らかの手段を用いて情報を収集し、数値として記録しておく必要があります。
　SNMPを用いたネットワーク監視ツールなどを利用するのはその代表例です。収集する情報としては、ネットワークの送受信量やCPUの利用率以外にも、サーバーごとのメールの送受信数、WebサーバーのアクセスNo.やエラー数などがあります。
　SNMPは管理機（マネージャー）から監視対象（エージェント）に対して情報を要求し、情報を送り返してもらうことで情報を収集します。また監視方法として、監視対象に対象と値を設定、たとえばCPUの使用率として95%を設定することで、その値（しきい値）を超えたときに通知を出すように設定できます。

Keyword　SNMP

SNMP（Simple Network Management Protocol）は、ネットワーク管理でもっとも一般的なツールで使われるプロトコルです。ほとんどのサーバーやネットワーク機器はSNMP対応になっており、管理ツールでの監視が可能になっています。

SNMPでは管理対象の情報を収集できる

MEMO　ネットワーク監視ツールの種類

ネットワーク監視ツールはSNMPを使ったものも多く、LinuxのNagios、Cacti、MRTGなどが代表的です。ほかにもベンダーが自社製品の監視用に提供しているものも多いです。

設定した値（しきい値）を超えたとき、通知を出すように設定できる

Hint　その他の作業

ネットワーク監視ツールを使った作業以外にも、サーバーを直接操作して現在の状況を書き写したり、サーバールームの湿度と温度をチェックするなど、ネットワーク管理者がその場所で直接確認したりする作業もあります。

❷ 収集した情報を分析して異常を検出する

　集めた情報は常に記録しておく必要があります。それを積み重ねることによって、日ごとのネットワークの変化が可視化され、ある状況が正常なのか異常なのかの判断に役立ちます。

　たとえば、メールの送信数が極端に増大している場合、ボットによる迷惑メールの送信が行われている可能性があります。また、メモリーの使用量が常に多く使われている場合には、機器のメモリー不足、または不要なアプリケーションが存在していることなどがわかります。

　このように、通常時と異常時との差異が明確になることで問題を把握できるため、定期的に統計情報を収集し、それを記録しておくことが重要です。

Keyword ボット

ボットはマルウェアの一種で、攻撃者の命令で他者への攻撃を行うプログラムです。ボットに感染したパソコンは、迷惑メールの送信や他者へのネットワーク攻撃などを、所有者に気付かれずに行います。

情報を常に記録しておくと通常の状況がわかる

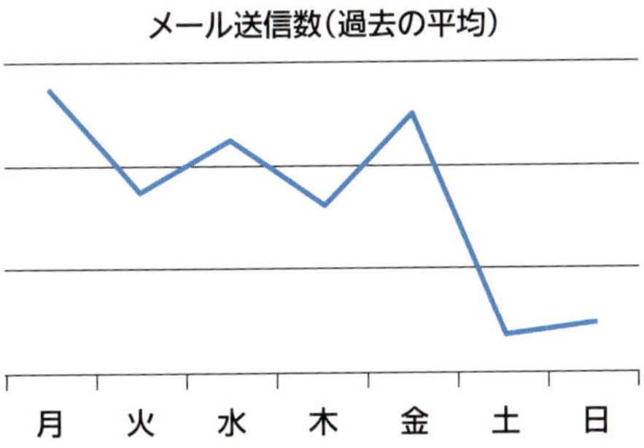

メール送信数（過去の平均）

通常の状況と比較することで、異常な値を検出できる

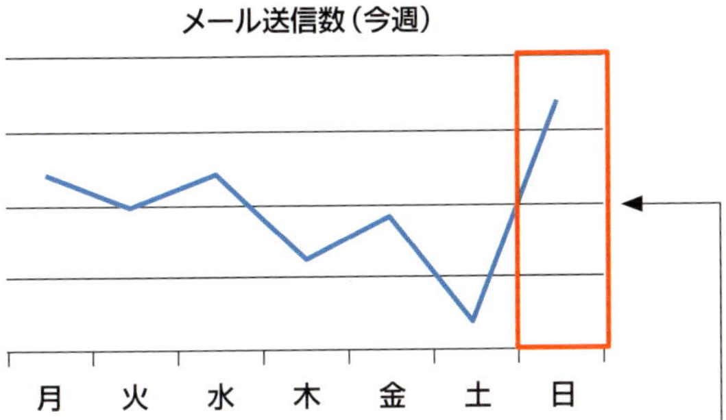

メール送信数（今週）

本来業務のない日曜日のメールの送信数が多い！

・休日出勤者が多かった？
・確認メールを自動送信する設定になっていた？
・スパムメールを送信するウイルスに感染したパソコンがある？
…… etc

Hint メモリー不足の原因例

プログラムのバグなどによって、本来はそのプログラムが一時的に利用した、終了時に解放すべきメモリー領域を解放しないことをメモリーリークといいます。これによりメモリーの容量が圧迫されることがあります。

Section 07　第6章 ネットワークの管理と運用をしよう

レスポンスタイムをチェックするには？

覚えておきたいキーワード
≫ レスポンスタイム
≫ 回線のレスポンス
≫ 回線速度の測定

ネットワークのパフォーマンスとして、もっともわかりやすい指標が「レスポンスタイム（応答時間）」です。これは「データの要求を行ってから、すべてのデータが入手されるまで」の時間です。これによりネットワークの性能を確認できます。

1 pingコマンドでレスポンスタイムを測定する

　ネットワークの性能を計る際にその物差しとして使われるものの1つに、レスポンスタイムがあります。レスポンスタイムは「応答（レスポンス）」の時間のこと、つまりサーバまで要求が「行って」、応答が「返ってくる」までの時間のことです。

　レスポンスタイムを計測し、ネットワークの性能を調べるもっともかんたんな方法がpingでの計測です。pingではサーバ側が受け取ってから応答を返すまでの処理時間がごくわずかなため、純粋なレスポンスタイムを計測できます。

　pingでの計測結果だけでは「速い」「遅い」を比較できないため、ほかのサーバや機器にもpingを実行し、その結果と比較することで性能を評価することになります。

　なお、レスポンスタイムの計測は、ネットワークの性能を計る以外にも、ボトルネックの箇所を発見するためにも使われます。

MEMO レスポンス測定ツールの種類

レスポンス測定ツールには、Windowsのパフォーマンスモニターや、パケットキャプチャソフトのWiresharkなどがあります。また、Webサーバのレスポンス測定であればWebサイトで公開しているものもあります。

pingを使って応答時間（レスポンスタイム）を計測する

例：www.google.co.jpにpingを実施

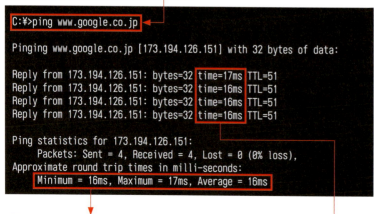

送信したデータの応答時間の「最小」「最大」「平均」の時間

送信したデータ1回ごとにかかった時間

Hint pingコマンドの使い方

pingはURL以外に、「ping 192.168.1.1」のように、IPアドレスを指定することもできます。これによって、IPアドレスを持つネットワーク機器に対しても利用できます。また、Windowsの場合は「ping -t」で停止（Ctrl＋C）するまでpingを実施します。「ping -w 数字」で、タイムアウトまでの時間を変更できます。

② WANのレスポンスタイムを測定するには

　pingは便利なツールですが、セキュリティ上の理由からインターネット上のサーバーや機器に対しては使えないことが多くあります。そのため、WANのレスポンスを測定するには、Webで公開されている回線速度測定ページなどを利用する必要があります。
　また、Webブラウザーのプラグインなどを使って、WANのレスポンスタイムを計測することができます。

> **MEMO その他のツール**
> Windowsサーバーで使用できるツールとしてttcpや、Linux/Windowsで使用できるnetprefなどによりWANでのレスポンスを測定することができます。

速度測定サイトを使って応答時間（レスポンスタイム）を計測する

例：biglobeの速度診断サイト

Webブラウザーを使って応答時間（レスポンスタイム）を計測する

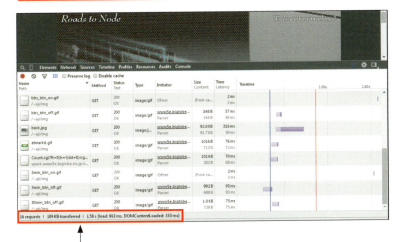

例：ChromeのDeveloper Toolで筆者のサイトを計測

> **MEMO Chrome Developer Tool**
> Chromeでは、Webの開発や測定を行うためのツール「Developer Tool」が利用できます。ページ上で右クリックして「要素の検証」をクリックするか、WindowsならばF12キーで起動します。図は「Network」タブでの情報です。

Section 08

第6章 ネットワークの管理と運用をしよう

ルーターやハブの反応チェックと障害対応

覚えておきたいキーワード
» ping
» 切り分け
» 設定のバックアップ

障害管理の監視対象としてまず挙げられるのが、ルーターやハブなどのネットワーク機器です。これらの機器は物理的な回線をつなぐ機器なので、障害が発生するとネットワークがまったくつながらない状態になってしまいます。

1 pingコマンドによる反応チェックと切り分け作業

　ルーターやハブなどの障害を発見するために、機器の反応チェックとして使用されているのが、ping コマンドです。ただし、一般的なハブは ping に対して反応しない製品が多いため、その場合はその先にある機器を使って反応チェックを行います。

　障害を確認するための反応チェックを行うコツは、近いところまたは遠いところから順に行うことです。そうすることで、障害の範囲を絞り込んでいくことができます。これを、障害の切り分けと呼びます。

> **MEMO pingについて**
> pingはパソコンに対してでも利用可能です。Section 07のHintでその使用方法を説明しています。

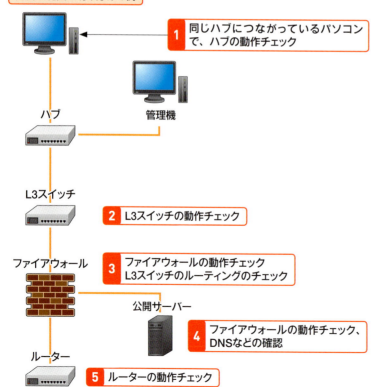

> **MEMO pingの応答する機器**
> pingは対象がIPアドレスを持つ機器にのみ行うことができるため、ハブや非対応のスイッチ、ONUなどの機器には行うことができません。

❷ 機器設定のバックアップや代替機器・部品で障害に備える

　障害が発生した場合、ルーターやL3スイッチなど、組み込みOS（ソフトウェア）を持つネットワーク機器であれば、設定の見直しや初期化、再起動などで復旧することもあります。それ以外の場合は、ハードウェアの障害となるため、基本的には機器の交換によって障害に対応します。もし障害が起こってもすぐに交換できるように、予備のネットワーク機器や予備のケーブルを用意しておきましょう。

　また、ルーターやL3スイッチなどの設定が必要な機器では、障害の発生による機器の交換に備えて、設定のバックアップをとっておくことが重要です。バックアップや復旧は、機器に搭載されている設定ツールで行い、多くの場合は、パソコンのWebブラウザーからアクセスできます。

　ルーターなどの機器でベンダーとサポート契約を結んでいる場合は、代替機と交換／修理で対応が行われることが一般的です。その際にも設定のバックアップは必要となります。

> **Keyword 組み込みOS**
> 家電やネットワーク機器などに組み込まれているコンピューターが持つOSのことを、組み込みOSと呼びます。TRONやWindows CE、Linux、Cisco IOSなどがあります。

障害に備えて、予備機や予備ケーブルを用意

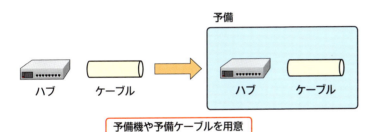

障害に備えて、最新の設定をバックアップ

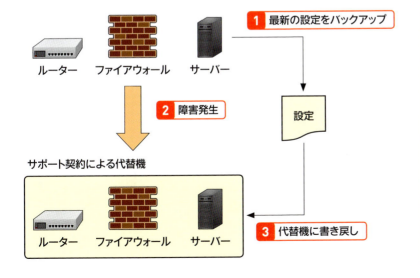

> **MEMO 設定のバックアップ**
> 設定のバックアップは、設定ファイルを転送することによって取得します。簡易ファイル転送のTFTPや、TELNETやSSHなどによるコピー、製品メーカー提供の復旧ツールなどで行います。

Section 09

第6章 ネットワークの管理と運用をしよう

ネットワーク回線の反応チェックと障害対応

覚えておきたいキーワード
» リンクランプ
» 断線
» プロバイダー・回線事業者

ネットワークの根幹をなすのは、ケーブルなどのネットワーク回線です。LANを自前で設定して使用している場合、回線関連のトラブルや障害などにも対応する必要があります。ふだんはあまり意識していないことですが、障害時の対応は重要です。

1 LANケーブルの障害ではリンクランプのチェックが基本

　LANケーブルのチェックの基本は、リンクランプです。パソコン側のLANケーブルの差し込み口や、ハブには必ずリンクランプがあるので、これが正しく点灯しているかどうかをまず最初にチェックします。次に、通信が可能かどうかをチェックするためにpingを使用します。それでもつながらない場合は正常なケーブルと交換することで、ケーブル自体の障害か別の障害かを切り分けます。

　ケーブルが机の脚などで踏みつぶされている場合や、急角度で折り曲げられている場合などは、内部で断線している可能性もありますので注意が必要です。

　また、ケーブルテスターを使用してチェックをすることもあります。ケーブルテスターは、ケーブルの通電状態を確認することができる機器です。機能は製品によって異なりますが、基本的な通電状況やケーブルの品質をチェックするものから、内部の断線状況までを確認できるものがあります。ケーブルを自作する場合などによく使われます。

Keyword ケーブルの種類

LANで使われるケーブルには、口径が細く、設置がしやすいタイプのものや、断面がフラットでカーペットの下に這わせやすく、断線しにくいものなどがあります。

ケーブルの障害を見つける

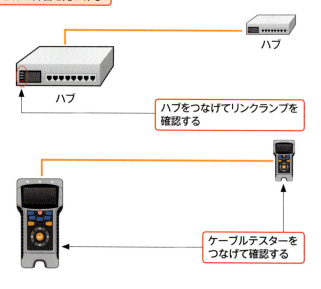

ハブ
ハブ
ハブをつなげてリンクランプを確認する
ケーブルテスターをつなげて確認する

Keyword ケーブルテスター

ケーブルテスターは、ケーブルの通電（信号が通る）ことを確認するための機器です。しかし、中には通電だけではなく、通信状況の確認、断線個所の特定などが可能なテスターもあります。

❷ WANの障害でも障害箇所の切り分けが必要

　内部的に問題がない場合で、インターネットへの接続ができないときは、WAN回線に問題がある可能性があります。WAN回線の障害自体は、プロバイダーや回線事業者の責任となるため、障害対応は業者にまかせることになりますが、障害箇所の切り分けのための作業が必要となります。

　まず、特定のサーバーのみにつながらないのではなく、複数のサーバーにつながらないことを確認する必要があります。複数のサーバーにつながらないのならWAN回線やインターネット接続そのものの障害である可能性が高くなります。1つのサーバーだけならば、そのサーバーの障害や、DNSやファイアウォールなどの「そのサーバーだけがつながらない」要因を探すことになります。

　また、使用しているプロバイダーと回線事業者のホームページでチェックを行う必要があります。急な工事や障害などによる不通の可能性があるためです。インターネット回線が不通だとホームページのチェックができないため、スマートフォンからアクセスしたり、別拠点からアクセスしたりする必要があります。

> **Hint　LEDランプによる確認**
> スイッチなどのLEDランプも切り分けのための情報になります。点滅状況や色の確認を行いましょう。製品によっては特定の点滅はトラブルを示します。

WAN回線の障害を見つける

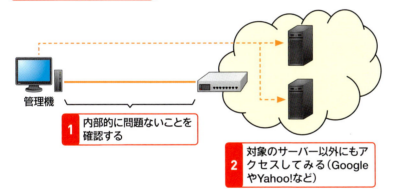

1. 内部的に問題ないことを確認する
2. 対象のサーバー以外にもアクセスしてみる（GoogleやYahoo!など）

3. プロバイダーの「工事・障害情報」を見る

4. 使用している回線事業者の「工事故障情報」を見る

> **MEMO　WANの障害について**
> プロバイダーの障害の場合は、特定のサービス（Web閲覧やメールなど）のみが障害になっていることが多く、回線の障害の場合は全般的に不通になる障害になります。

第6章 ネットワークの管理と運用をしよう

Section 10 データ保護への対策を考えよう

覚えておきたいキーワード
≫ データ保護
≫ バックアップ
≫ RAID

データ保護とは、単純にデータが消えないようにすることだけではありません。データが使えなくならないようすること、つまりデータが保存されているサーバーや機器の障害対応も含まれます。また、「データの漏えい」の防止もこれに該当します。

1 データの「消失」と「漏えい」を防止する

データ保護は障害管理として行いますが、セキュリティにも影響しています。保護により必要なデータが消失するのを防ぐことと、データが無関係な他者へ伝わる漏えいを防ぐために行われます。

データの消失を防ぐためには、バックアップをとることが必須となります。それに加え、機器の故障などで「必要なときに使用できない」状態になってしまえば、データが消失することと同じなので、たとえばミラーリングなどでハードウェアを二重化することでデータに常にアクセスできるような構成にする必要があります。

また、データの漏えいを防ぐためには、データを暗号化して保存することや、データにアクセスできる人間を限定するなどの対策がとられます。

MEMO セキュリティ対策について
データ漏えいを防ぐためのセキュリティ対策については、第7章を参照してください。

データ保護とは?

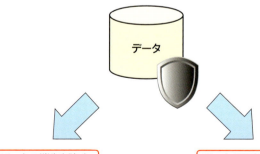

・バックアップ
・RAID
・多重化
…

・データ暗号化
・アクセス制限
・セキュリティ
…

 Hint 多重化とは
第5章のSection 03で説明したレプリケーションのように、同一のデータを複数の記憶装置に記録することを「多重化」と呼びます。RAIDも多重化技術の1つです。

② バックアップとミラーリングによるデータの消失対策

　バックアップはデータの消失対策として行われている手段の1つです。別の HDD やブルーレイ／DVD、テープなどに特定の時点でのデータをコピーして保管しておきます。

　また、HDD をリアルタイムでコピーする技術もあり、HDD の障害に対応するために使われています。これは RAID と呼ばれる技術の1つで、ミラーリングと呼ばれます。ミラーリングはデータを HDD に書き込む際に、別の HDD にも同時に書き込むことで、もとデータのコピーをリアルタイムで生成します。そのため、もとの HDD が故障した場合でも、ミラーリング側を使って復旧できます。また、リアルタイムでコピーが作られているため、バックアップに比べてデータの消失量が少なくて済むことも利点の1つです。ただし、過去にさかのぼってデータを復旧することはできません。

> **Hint　RAID の技術**
>
> RAID の技術には、「ミラーリング」以外にも、複数の記憶装置に並列で書き込むことで書き込み時間を短縮する「ストライピング」もあります。

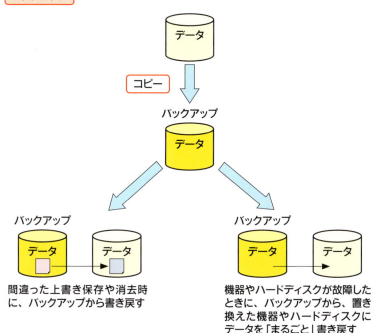

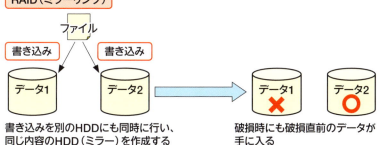

> **MEMO　バックアップについて**
>
> バックアップについては、Section 11 で詳細に説明します。

第6章 ネットワークの管理と運用をしよう

Section 11 データのバックアップをとるには？

覚えておきたいキーワード
≫ 世代管理
≫ フルバックアップ
≫ 増分バックアップ

データ保護のためにはバックアップを行うことが必須です。バックアップを実施するには、バックアップの頻度などを事前に計画し、バックアップ先の記憶媒体を準備しなければなりません。また、バックアップの種類も検討する必要があります。

① バックアップの計画を立てる

バックアップを行う際には、対象とするデータ、バックアップを行うタイミング（頻度）、保存する数、保存する場所、バックアップの種類などを事前に計画し、決めておかなければなりません。「タイミング」については、毎日行うか、毎月行うか、などをデータの重要度や更新頻度に合わせて決定し、バックアップを行う時間帯も決定します。

「保存する数」については、何回分のバックアップを保存しておくか、ということです。たとえば、毎月のバックアップを6回分とっておけば、半年前のデータまで復旧することができるようになります。これを世代管理と呼びます。

バックアップの考慮点

①バックアップを取る対象データ
　→全データ対象は安全だが、バックアップデータのサイズが大きくなる

②タイミング
　→データの重要度に応じて、毎日、毎週、毎月…

③保存する数（世代管理）
　→何世代保存するか？

世代が多いと古いデータも復旧できるが、その分データが多くなる

④保存する場所

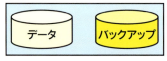

サーバールームのセキュリティは強固だが、バックアップが保管されている倉庫のセキュリティは？

同じ建物にデータとバックアップが置いてあると復旧には便利だが、本社ビルが災害にあったら？

MEMO バックアップ対象

バックアップ対象は、データの重要性、更新頻度、記憶されている機器の状態や容量などを考慮して決定します。

MEMO バックアップを保存する場所

バックアップを保存する場所にも注意が必要です。サーバーと同じ場所に保存しておいた場合、災害で両方が失われてしまう可能性があります。また、情報漏えいを防止する意味でも、サーバールームと同様に、バックアップも厳重に管理する必要があります。

② フルバックアップと増分バックアップを組み合わせる

　バックアップの種類には、データ全体をバックアップするフルバックアップと、フルバックアップ後に更新されたデータだけをバックアップする増分バックアップがあります。フルバックアップでは、保存する記憶媒体の容量も、バックアップする時間も多く必要です。そのため、更新分だけをバックアップする増分バックアップを組み合わせて運用します。

　フルバックアップは時間も容量もかかるため、ひと月に1回や、半年に1回のタイミングで実施します。増分はそのデータの重要性にもよりますが、1日に1回深夜に実行したり、1週間に1回土曜夜に実行したりする形になります。

Hint バックアップの種類

フルバックアップや増分バックアップ以外に、差分バックアップがあります。差分バックアップはフルバックアップからの追加分すべてを毎回バックアップする方法で、増分バックアップに比べ復旧時間が短いですが、保存容量が増えます。

Hint バックアップツール

Windowsサーバーには、標準でバックアップソフトウェアが搭載されています。Linuxにも多くの選択肢があります。そのほかにも、レプリケーションを行うツールや、圧縮を同時に行うツールなどもあります。

MEMO バックアップを行う時間帯

バックアップは夜間や明け方、休祝日などの業務が行われていない時間帯や、少ない時間帯に行われます。量が多い場合は、代替機を用意し、そちらを使用している間にバックアップをするなどします。

フルバックアップ：全データをバックアップする

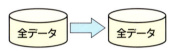

確実だが、バックアップデータサイズが大きいためコピーに時間がかかり、容量も多く必要

増分バックアップ：変更・追加があった分だけバックアップする

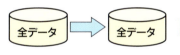

1 フルバックアップを行う

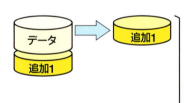

2 以後はフルバックアップからの追加・変更分だけバックアップする
→バックアップ時間や容量は少なくて済む

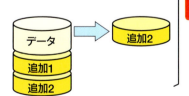

3 復旧時は、フルバックアップのデータに追加分を順次加えていく
→この処理が必要なため時間がかかる

Section 12

第6章 ネットワークの管理と運用をしよう

設備や施設をメンテナンスして障害を予防しよう

覚えておきたいキーワード
≫ 経年劣化
≫ セキュリティホール
≫ セキュリティパッチ

ネットワークは24×365の稼動をするため、どうしても障害が発生します。しかし、事前に予防措置をとることでその発生確率を減らすことや、障害の時間を減らすことができます。それによりネットワークの稼動率を上昇させることが可能です。

1 ハードウェアのメンテナンス

　コンピューターやネットワーク機器、回線に使われているケーブルは経年により劣化します。特にネットワーク機器やサーバーは24×365の稼動をしているため、消耗も激しくなります。その中でも、可動部分の多いHDDや電源ユニットなどは障害が発生しやすい傾向にあります。

　障害自体は避けられませんが、消耗による障害が発生する前に機器の交換を実施することによって、障害を予防することはできます。また、機器の置き換えに備えて、機器の設定やデータをバックアップしておくこともメンテナンスの仕事の1つです。

　また、環境によって障害が発生することもあります。たとえば、湿気が高い、温度が高い、ほこりが多いなどの環境は機械にとって劣悪なため劣化が早く進みます。この場合は、環境のメンテナンス（見直し）が必要となります。

 ホットスワップ

ホットスワップとは、電源が入ったまま部品の追加や交換が可能な技術のことです。周辺機器の追加やハードディスクや電源ユニットの交換などが可能になります。そのため、障害時や経年劣化による予防交換の際に、サーバーを停止させることなく交換が可能です。

経年劣化を起こしやすい箇所

該当箇所		症状
サーバー	HDD	OSやソフトウェアの起動や動作が極端に遅くなる
	LANカード	接続状態が不安定になる
	電源ユニット	起動しなくなる／起動しにくくなる
	マザーボード	起動しなくなる／エラーが発生する
ネットワーク機器	電源ユニット	起動しなくなる／起動しにくくなる
	回路基板	接続状態が不安定になる
	LANケーブル	接続状態が不安定になる

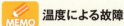 **温度による故障**

コンピューター機器は高温に弱いため、コンピューターや機器の空冷ファンの故障や、サーバールームのエアコンの故障などが、機器の故障を引き起こすことがあります。

❷ ソフトウェアのメンテナンス

　コンピューターやサーバーのOSやアプリケーションは、セキュリティ上の問題（セキュリティホール）や、プログラムのバグを抱えていることがあり、それが障害の要因となることがあります。

　これらのメンテナンスのためには、セキュリティホールやバグに対するパッチ（セキュリティパッチ）をOSやアプリケーションに適用しなければなりません。こうしたセキュリティパッチ適用システムとしてもっとも有名なものにWindows Updateがあります。

　ただし、セキュリティパッチを適用したりアップデートを実行したりすると、今まで動作していた別の関連ソフトウェアが動作しなくなるケースがあります。そのため、セキュリティパッチの内容を確認したり、事前に確認用のコンピューターで実行して、問題が起きないかどうかをチェックするなどの作業が必要となります。

 WSUSを利用する

WSUS（Windows Server Update Services）は、企業などの組織内にWindows Update用のサーバーを構築するためのツールです。各パソコンはこのWSUSサーバーに接続し、アップデートを行うことができます。

ソフトウェアのメンテナンス

- OS
- ソフトウェア

メンテナンスが必要な症状
- セキュリティホールやバグなどが露見する
- OSが新しくなりアップデートしたら、ソフトウェアが動かなくなる／不安定になる
- 新しい環境（通信速度の上昇など）に対応しきれていない
- 機能が不足している

↑ セキュリティパッチを適用する

セキュリティパッチ　セキュリティホールやバグなどへの対処

↑ 公式サイトなどから入手する

- 公式サイト　ソフトウェアの公式サイトからダウンロード
- アップデートツール　Windows Updateのようなツールによるアップデート

 Windows Update

Windows Updateは、セキュリティパッチを適用するシステムです。これ以外にも、機能を強化・追加するプログラムなどが提供されます。

 ぜい弱性

OSやプログラムのバグや不具合によるセキュリティ上の弱点を、ぜい弱性といいます。たとえば、特定のデータを送るとサーバープログラムが停止してしまうことなどが挙げられます。

第6章　ネットワークの管理と運用をしよう

Section 13 ユーザー管理をしよう

覚えておきたいキーワード
≫ アカウント
≫ 権限グループ
≫ アカウントサーバー

パソコンなどのコンピューターは、使用するユーザーが「使用権」を持っていることで初めて使用できるようになります。また、ネットワーク上のサーバーにあるデータにも使用権が必要となります。これを管理するのが「アカウント管理」です。

1 アカウントと権限グループでユーザーを管理する

　コンピューターやネットワーク上のデータを利用するための「使用権」のことを、アカウントと呼びます。ユーザーは、パソコンやネットワーク上のサーバーに自身のアカウントを登録することで、初めてそのリソースを使用することができます。
　通常のアカウントは、ユーザーIDとパスワードから成ります。またそれに加え、コンピューターの権限グループにも登録されます。権限グループは、コンピューターをどの範囲まで利用できるかを決めるものです。ユーザーが所属するグループは、通常は管理者が個別に追加・変更して決定します。この設定は、グループに所属するユーザーに一律に適用されるので、コンピューターに対する権限を効率的に管理できます。

Keyword 特権アカウント

特権アカウントは、WindowsのAdministratorやLinuxのrootなど、OSの全機能を使用できるアカウントです。多くの場合、特権アカウントではログインせず、必要な場合にだけ特権アカウントに切り替える形で運用します。これによりセキュリティが向上します。

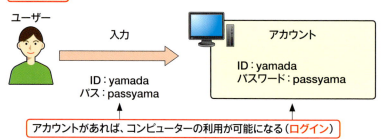

アカウントがあれば、コンピューターの利用が可能になる（ログイン）
ユーザーがコンピューターを使うためには、ユーザーのアカウントが必要

一般的な権限グループ
・administrators、root：管理者権限で、すべての操作が可能
・users：通常のユーザーで、OSの中核部分の変更などはできない
・guest：ゲストユーザーで、一時的に最小限の機能のみが使える

アカウントには、コンピューターに対する権限が決められている（権限グループ）

 Hint 特権アカウントポリシー

特権アカウントは強大な権限を持つため、通常のアカウントよりも強力なポリシーで制御されます。たとえば、パスワードの頻繁な変更、ログイン状況の記録、利用できる機器の限定などがされています。

② アカウントサーバーでアカウントを一元管理する

アカウントはコンピューターの使用権であるため、利用したいコンピューターに自身のアカウントを登録しなければなりません。しかし、たとえば自分用のパソコンにログインして使い、さらにファイルサーバー、Webサーバーにアクセスしてデータをもらうなどの「利用」を行う場合では、それぞれのサーバーにアカウントがなければいけません。つまり、それぞれにアカウントを登録するという手間がかかります。

そのため、アカウントを一元管理するために専用のサーバーを用意することがあります。アカウントを管理するサーバーがあることで、それぞれのコンピューターにアカウントを登録しなくても、アカウントサーバーがアカウントを持ち、各コンピューターがそれを参照することで、アカウントの情報を共有することができます。

アカウントサーバーの例

アカウント管理で使われているサーバーとしては、WindowsのActive Directory、LinuxではNISやLDAPが挙げられます。

アカウントをサーバーごとに管理

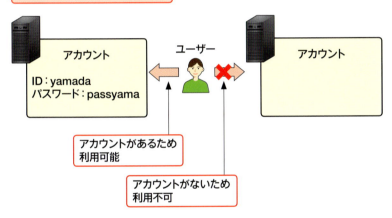

アカウントはコンピューターごとに設定されるため、複数のサーバーを使うにはすべてのサーバーに事前に登録が必要

アカウントをアカウントサーバーで管理

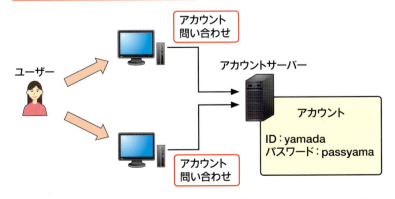

アカウントサーバーで一元管理しておけば、利用時にアカウントサーバーに問い合わせ、アカウントサーバーの情報でログインできる

シングルサインオン

アカウントサーバーを導入し、複数のサーバーへのログインを一元管理する技術を、シングルサインオンと呼びます。

ネットワークがつながらない

　ネットワーク管理者にとって、「ネットワークが思ったようにつながらない」というのは、ユーザーからよく受けるトラブルです。ここでは、インターネットへのWebアクセスがうまくいかないケースについて考えてみましょう。
　トラブルシューティングの基本は「切り分け」です。切り分けとは、「正常な部分を対象から切りとり、障害の部分を浮かび上がらせる」という作業です。
　この作業は、OSI参照モデルの層ごとに行うことが基本になります。つまり、「信号の伝達」の物理層、「LAN内の伝達」のデータリンク層、「ネットワークの伝達」のネットワーク層、「アプリケーションの動作」のトランスポート層・アプリケーション層、の5つの層をそれぞれ確認し、どの層が原因になっているかを確かめます。
　具体的には、「通信ができる場所」と「できない場所」の境界線を見つけることが1つ。もう1つが、通信のレベルの確認です。これは、「信号が通っている」「ARPが実行できる」「pingが通る」と順番に「できる通信」と「できない通信」の境界線を見つけることです。どのレベルの通信がどの場所まで通信できるのかを確認することにより、原因を特定していくことになります。

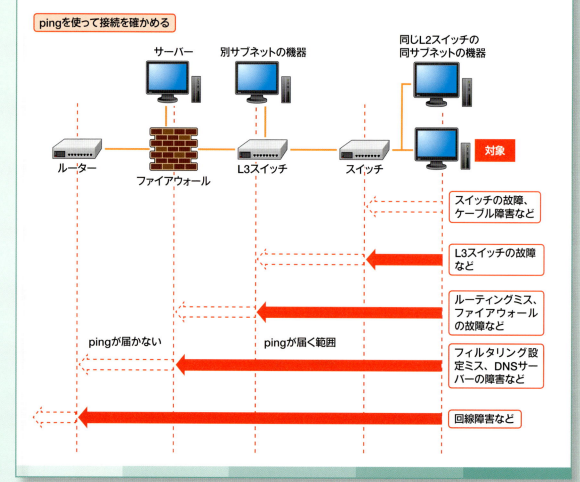

ネットワークのセキュリティを強化しよう

Section 01	セキュリティとは？
Section 02	ファイアウォールで外敵の侵入を防ごう
Section 03	ウイルス対策をしよう
Section 04	ID・パスワードを正しく管理しよう
Section 05	さまざまな攻撃を防ごう
Section 06	情報の内部流出を防ごう
Section 07	データを暗号化して通信しよう
Section 08	デジタル署名を行おう
Section 09	ユーザー認証を行おう
Section 10	サーバー認証を行おう

第7章　ネットワークのセキュリティを強化しよう

Section 01 セキュリティとは？

覚えておきたいキーワード
- CIA
- リスク
- 脅威とぜい弱性

コンピューターのセキュリティでは、**脅威**という言葉がよく使われます。脅威はコンピューターシステムに対して何らかの「損害」を引き起こす「要因」のことで、悪意の有無や内部／外部は関係ありません。これを防ぐには**情報セキュリティ対策**が必要です。

1 セキュリティの「CIA」とは

「セキュリティ（情報セキュリティ）」という言葉が示すのは、「コンピューターシステムの CIA を維持する」ことです。CIA とは「機密性（C：Confidentiality）」「完全性（I：Integrity）」「可用性（A：Availability）」の頭文字をとったものです。

機密性は「**情報の漏えいなどがない**」こと、完全性とは「**情報が完全である**」こと、つまり改ざんや消去が勝手にされないことです。そして、可用性とは「**情報が必要なときに使える**」こと、つまり障害などが発生していないことを意味します。

情報セキュリティのCIA

● **C**onfidentiality（機密性）
＝ 情報を閲覧・使用できるのは、許可のある人だけであること

許可がある人だけが情報を利用できるよう制御する

● **I**ntegrity（完全性）
＝ 情報が改ざんされていない、消去や破壊もされていないこと

情報の改ざんや消去、破壊ができないように制御する

● **A**vailability（可用性）
＝ 必要なときに情報が利用できること

バックアップや多重化などで障害に備える

 機密性

機密性については、Section 02 の侵入対策や Section 06 の流出対策、Section 07 の暗号化の説明なども参照してください。

 完全性

完全性については、Section 08 のデジタル署名の説明も参照してください。

 可用性

可用性については、第6章のネットワーク運用のうち、障害対応やバックアップの部分を参照してください。

② リスクは価値と脅威とぜい弱性で決まる

　セキュリティでは、リスクという考えにもとづいて対策を行います。リスクをもっともかんたんに計算する式は、情報の価値×脅威の大きさ×ぜい弱性の度合いで表せます。
　価値はその情報の重要度で、個人情報などは価値が高くなります。脅威は情報に対して損害を引き起こす要因のこと。ぜい弱性は情報システムのセキュリティ上の問題点のことです。これらの項目からリスクを算出したら、リスクの高い情報資産については対策を実行する必要があります。代表的な対策としては、「リスク回避」「リスク移転」「リスク低減」などが挙げられます。

Keyword　リスク

リスクとは、ぜい弱性と脅威によって顕在化され、情報の「損害の可能性」です。情報システムにこのリスクがどれぐらいあるか、そしてどの程度の損害かを評価することをリスクアセスメントと呼びます。

情報セキュリティのリスク

情報の価値　×　脅威の大きさ　×　ぜい弱性の度合い　＝　リスク

それぞれの情報の価値・脅威・ぜい弱性を3～10段階ぐらいで評価する

情報資産名	価値	脅威	ぜい弱性	リスク
タイムカード	3	4	4	48
社員名簿	5	2	2	20
作業マニュアル	3	3	2	18

- 情報の重要度
- 情報に対する脅威の大きさ（盗難、内部流出、ネットワークからの脅威など）
- 情報のぜい弱性の度合い（施錠、暗号化などの有無、保管場所の安全性など）
- リスクの高い項目には対策を行う

リスクに応じて、対策を実行する

- リスク回避…情報を収集しないようにすることでリスクを保有しないようにする
- リスク移転…アウトソーシング化などでリスクを他者に移す
- リスク低減…脅威に対する対策、ぜい弱性への対応によりリスク値を下げる

Hint　脅威とぜい弱性の例

脅威とぜい弱性は、たとえば、「部屋に不審者が侵入する」という「脅威」に対し、「ドアや窓に鍵がない」という「ぜい弱性」がある、という関係になります。

Section 02

第7章　ネットワークのセキュリティを強化しよう

ファイアウォールで外敵の侵入を防ごう

覚えておきたいキーワード
» ファイアウォール
» パケットフィルター
» DMZ

ファイアウォールは、組織の内部を外部からのアクセスから守るために設置されるネットワーク機器です。ファイアウォールを設置することで、内部ネットワークへのアクセスを防ぎ、情報漏えいや、機器に対する攻撃を防ぐことが可能になります。

1 パケットフィルターで外部からのアクセスを防ぐ

ファイアウォールは、外部からのアクセスを防ぐために使用されるネットワーク機器です。そのため、インターネットへの接続を行うルーターと内部ネットワークの間に設置されます。

ファイアウォールの一般的な機能として、パケットフィルターが挙げられます。パケットフィルターは、ファイアウォールを通過する、つまり、「内部から外部」または「外部から内部」へと送信されるデータのチェック（パケットフィルタリング）を行う機能です。送信元やあて先のIPアドレス、ポート番号を条件に、通過を許可したり禁止したりすることで内部ネットワークを守ります。

MEMO　ファイアウォールの種別

ファイアウォールはパケットフィルター型が一般的ですが、プロキシー（第5章のSection 09を参照）もファイアウォールの一種です。ほかにも、データのやりとりの中身をチェックするステートフルインスペクション型もあります。

パケットフィルター

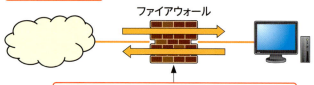

通過するパケットに対して「許可」「禁止」を決定する

パケットフィルタンリングのルール（*は「すべて」を意味する）

外部から内部へ入るパケットは禁止する

ルール	送信元IPアドレス	送信元ポート番号	あて先IPアドレス	あて先ポート番号	その他	方向	結果
1	*	*	*	*	-	外部→内部	禁止
2	*	*	*	*	-	内部→外部	許可
3	*	*	192.168.0.1	80	-	外部→内部	許可

192.168.0.1のサーバーへのHTTP通信は許可する

中から出ていくパケットは許可する

Hint　パケットフィルター機能

パケットフィルターの機能は、ルーターなども持っています。また、パソコンのセキュリティソフトもパケットフィルター機能を持っています。

② 公開サーバーはDMZに配置する

　ファイアウォールは、外部から内部へ送られるデータの通過を禁止することで、内部ネットワークを守ります。しかし、外部に公開するWebサーバーやメールサーバーを使うためには外部からのアクセスが必要です。したがって、公開サーバーは、内部ネットワークに配置することができません。
　そのため公開サーバーは、内部ネットワークとは別に専用のネットワークを作成し、そこに配置する必要があります。このネットワークはDMZと呼ばれ、Webページを要求するリクエストなど、公開サーバーにアクセスするために必要なデータのみ通過を許可します。

MEMO　DMZホスト機能との違い

ブロードバンドルーターが持つDMZホスト機能は、内部に公開サーバーを配置し、パケットを内部に通してしまう機能です。本来のDMZの役割とは異なります。

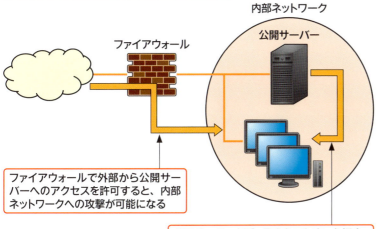

公開サーバーを内部ネットワークに配置すると…
- ファイアウォールで外部から公開サーバーへのアクセスを許可すると、内部ネットワークへの攻撃が可能になる
- 公開サーバーが乗っ取られてしまった場合、内部ネットワークへの攻撃を防ぐ手立てがない

公開サーバーをDMZに配置する
- 外部から必要なデータのみがDMZまで通る
- 外部からは内部へ一切アクセスできない

Keyword　境界ネットワーク

DMZを指す言葉として、境界ネットワークという言葉もあります。ただし境界ネットワークは、DMZではなく、インターネットとファイアウォールの間のネットワークを指す場合もあります。

第7章　ネットワークのセキュリティを強化しよう

Section 03 ウイルス対策をしよう

覚えておきたいキーワード
» マルウェア
» セキュリティホール
» アンチウイルスソフト

コンピューターが一般に使われるようになってから、ウイルスは常に脅威の1つでした。現在では、損害を引き起こすウイルスを含めて、違法な動作をするものやコンピューターの情報を収集するツールなどがまとめてマルウェアと呼ばれています。

① マルウェアの種類

マルウェアとして挙げられる代表的なものには、コンピューターに被害を与える「ウイルス」、ネットワークにより他者へ感染する「ワーム」があります。

そのほかにも、感染したコンピューターのデータを収集して外部へ送信する「スパイウェア」、コンピューターへの侵入経路を作り出す「トロイの木馬」、不正な攻撃やスパムメールの送信を勝手に行ってしまう「ボット」、キー入力を記録して盗む「キーロガー」などがあります。また、これらが複合したものも多くあります。

 ウイルスとワームの違い

ウイルスは母体となるファイルを書き換えるなどして感染し、増殖します。ワームはそれ自体が1つのプログラムで、主としてネットワークを経由して増殖しますので、分類として分けられています。

マルウェア一覧

種類	説明
ウイルス	ファイルに感染して、コンピューターに損害を引き起こすコードのこと。自己増殖や拡散機能を持つ
ワーム	独立したファイルで、コンピューターに損害を引き起こすプログラムのこと。主にネットワーク経由で自己増殖や拡散する
スパイウェア	コンピューターの情報を外部へ送信するプログラム
トロイの木馬	コンピューターに潜伏し、不正な動作を行うプログラムのこと。不正侵入の道筋を作る（バックドア）など
ボット	攻撃者の命令を受け、他者への攻撃などを行うプログラム
キーロガー	キーボードからの入力を他者へ送信するプログラム
その他	ユーザーの意図とは無関係の広告などを表示するアドウェアなど

 スケアウェア

図の分類以外にも、「お使いのPCは感染しています。駆除ツールをダウンロードしましょう」などと表示し、恐怖をあおり金銭や個人情報を奪うスケアウェアなどもあります。

❷ マルウェアの感染経路と対策

マルウェアがコンピューターに侵入する経路の1つに、**ファイルを介した感染**があります。たとえば、インターネットからダウンロードしたファイルや、メールの添付ファイル、感染したパソコンから移動したファイルなどが代表例です。このほかにも、マルウェアをダウンロードするように仕込まれた **Web サイトの閲覧** や、コンピューターの**セキュリティホール**からの侵入があります。

これらへの**対策**として、アンチウイルスソフトのインストールがまず挙げられます。また、Web サーバーとパソコンの間にセキュリティゲートウェイを導入する、メールサーバーでウイルスチェックを行う、なども有効です。

Keyword アンチウイルスソフト

アンチウイルスソフトは、マルウェアの感染を監視し、駆除可能なものは駆除を行うためのソフトです。現在では、パケットフィルター機能や迷惑メール対応などを統合したセキュリティソフトウェアとして販売されています。

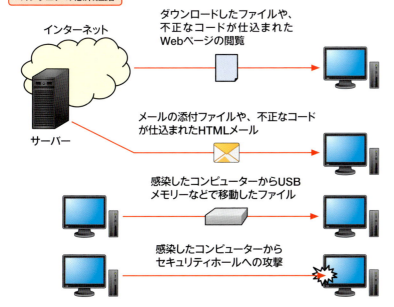

マルウェアの感染経路

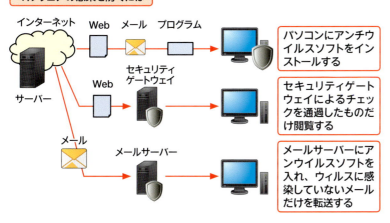

マルウェアの感染を防ぐには

Keyword セキュリティゲートウェイ

セキュリティ特化型のプロキシーサーバーのことを、セキュリティゲートウェイと呼びます。インターネットアクセスのデータを解析し、不正なデータをブロックします。

Section 04 ID・パスワードを正しく管理しよう

第7章 ネットワークのセキュリティを強化しよう

覚えておきたいキーワード
≫ ブルートフォース攻撃
≫ 辞書攻撃
≫ リスト攻撃

ユーザーIDとパスワードからなるユーザーアカウントは、パソコンの利用や、会員制Webサイトの閲覧、メールの送受信などに必要です。パスワードを安全に管理するために、パスワードに対する攻撃と、その対策を知っておきましょう。

1 パスワードに対する攻撃を知る

　パスワードは外部からの攻撃によって破られる可能性があります。代表的な攻撃には、すべての組み合わせを総当たりで試すブルートフォース攻撃や、パスワードとしてよく使われる単語を試していく辞書攻撃があります。
　また、1人のユーザーは同じパスワードを使用する傾向があることから、ある場所で使われているパスワードを盗んだあとで、同じユーザーIDとパスワードを別の場所で試すリスト攻撃もあります。

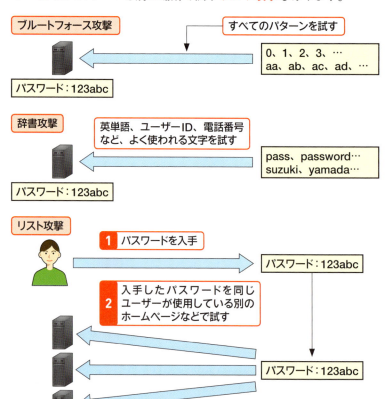

Keyword ブルートフォース攻撃

ブルートフォース攻撃は総当たり攻撃とも呼ばれ、すべての組み合わせを試します。一定回数しかパスワードを入力できないようにしたり（ロックアウト）、使用する文字の種類（数字・記号を含む）を増やしたりすることで防ぎます。

Hint パスワードに対する攻撃への対策

パスワードに対する攻撃の多くは、利用者が十分に気を付けることで防ぐことができます。詳しくは右ページを参照してください。

❷ 強力なパスワードの作り方と管理方法

　パスワードを安全に管理するためには、攻撃の方法を知り、攻撃への対策をとる必要があります。具体的にいえば、ブルートフォース攻撃や辞書攻撃を防ぐためには、「8文字以上にする」「大文字・小文字・記号・数字を混在させる」「意味のある言葉を使用しない」「一定間隔で変更する」などの対策があります。また、リスト攻撃を防ぐためには「使い回しをしない」ことも重要です。

　ただし、上記のようなパスワードを使うと覚えづらく管理が面倒になります。パスワードを一括で管理するためには、パスワード管理ソフトなどが便利です。

MEMO Webサイトのパスワードポリシー

強力なパスワードにすればするほど、その分、利用者にとっては管理が面倒になります。そのため、条件を満たさないパスワードを使用させない、一定期間で変更させるなどのパスワードポリシーを使用しているWebサイトなどが多くあります。

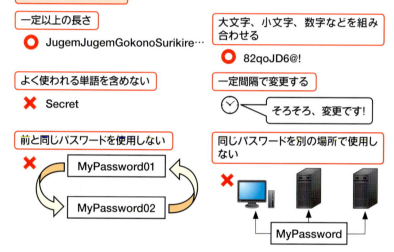

よいパスワードの条件

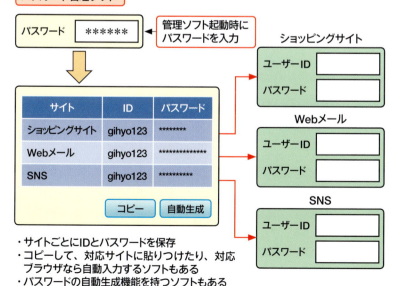

・サイトごとにIDとパスワードを保存
・コピーして、対応サイトに貼りつけたり、対応ブラウザなら自動入力するソフトもある
・パスワードの自動生成機能を持つソフトもある

Keyword パスワード管理ソフト

パスワード管理ソフトは、ノートンやマカフィーなどのセキュリティソフトの機能の1つとして、また単独のフリーウェアなどで提供されています。中には、安全なパスワードを生成するなどの機能を持つものがあります。

第7章 ネットワークのセキュリティを強化しよう

Section 05 さまざまな攻撃を防ごう

覚えておきたいキーワード
» サービス許否攻撃
» セキュリティホール
» セキュリティパッチ

セキュリティを侵害する代表的な攻撃として、**サービス拒否攻撃**と**セキュリティホールへの攻撃**があります。サービス拒否攻撃は、プロトコルを悪用して攻撃が行われるため、対策を行うためにはプロトコルに対する理解が必要となります。

1 サーバーへのサービス拒否攻撃を知る

　サービス拒否攻撃（DoS）はサーバーに対する攻撃の1つで、Webサーバーなどに対して多数のアクセスを行うことで、ほかのユーザーが**サーバーにアクセスできないようにする、または極端に遅くなるようにする攻撃**です。

　また、1台からのDoS攻撃ではなく、ウィルスやワームに感染したコンピューターに指示を与え、一斉に攻撃するDoSを**DDoS（分散DoS）**と呼びます。特定の1台からのアクセスを防げばよいDoSと違い、DDoSはさらに対策が難しくなっています。

　これらを防御するには、プロトコルを理解し、OSやソフトウェアの設定を変更する必要があります。

Keyword　DoS攻撃

DoS攻撃は、「サービス拒否攻撃」「サービス停止攻撃」とも呼ばれます。大量のアクセスをサーバーに行い、サービスを「停止」させ、正規ユーザーに本来提供するサービスを「拒否」させる攻撃です。

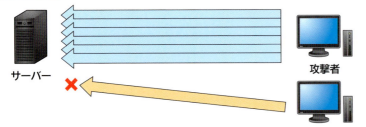

DoS攻撃

攻撃者がサーバーの処理能力を上回るアクセスを行うことで、正規のユーザーがアクセスできない、アクセスが遅くなるなどの問題が発生する

MEMO　Dos攻撃への対策

DoS／DDoS攻撃への対策としては、特定のIPアドレスからの連続アクセスを禁止する、総アクセス数の上限を設定する、サーバーまでの転送量の上限を設定するなどがあります。

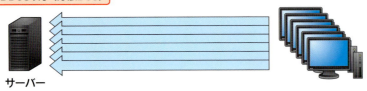

DDoS攻撃（分散DoS）

攻撃者がボットに感染したコンピューターに命令し、同時に同一のサーバーにアクセスを行う

Hint　代表的なDoS攻撃

有名なDoS攻撃として、TCPのスリーウェイハンドシェイクを途中で中断するSYN Flood攻撃、規格外のpingを送るPing of death攻撃などがあります。

❷ セキュリティホールへの攻撃を知る

OSやソフトウェアが持つバグや問題点のことを、セキュリティホールと呼びます。セキュリティホールには、たとえば、「Webサーバーに対して特定のパターンを持つ要求データを送信すると、そのWebサーバーのアプリケーションが誤認識を起こし、特定のコマンドを実行してしまうこと」などがあります。これにより、サーバーへの侵入が可能になったり、サーバーが使用できなくなったりします。

これを防ぐためには、セキュリティホールに対応するセキュリティパッチを適用し、セキュリティホール自体をふさぐしかありません。そのため、セキュリティパッチが公開されるまではセキュリティホールのあるOSやソフトウェアの利用を停止することも考慮する必要があります。

Keyword バッファーオーバーフロー攻撃

本来は、別のプログラムが入っているメモリー領域にはデータを上書きすることはできません。しかし、プログラムの領域確保の設定ミスやバグなどがあると、特定のデータを送ることでデータがあふれ（オーバフロー）、別のプログラムの領域まで上書きしてしまいます。バッファーオーバーフロー攻撃は、この弱点を狙った攻撃です。

セキュリティホールへの攻撃（バッファーオーバーフロー攻撃）

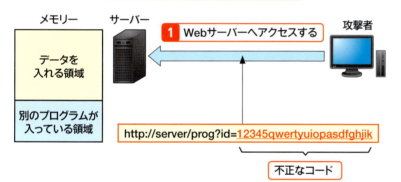

Hint その他の攻撃

セキュリティホールへの攻撃には、Webサイトのデータベースへのアクセスを書き換えてしまうSQLインジェクションや、不正なプログラムを実行させるOSコマンドインジェクションなどもあります。

Keyword セキュリティパッチ

パッチは「つぎあて」「あて布」のことで、セキュリティパッチは、セキュリティホールとなるプログラムのぜい弱性を修正するプログラムのことです。第6章のSection 12を参照してください。

第7章 ネットワークのセキュリティを強化しよう

Section 06 情報の内部流出を防ごう

覚えておきたいキーワード
≫ アクセス制限
≫ メールの誤送信
≫ セキュリティポリシー

情報漏えいは、外部からの攻撃によってデータが流出することだけではなく、**内部から流出する**ことも考えられます。内部からの流出を防ぐためには、コンピューター的な対策以外にも、**組織的な対応**が重要となります。

1 アクセス制限で内部流出のリスクを下げる

　内部からの流出は、マルウェアによる流出、パソコンの盗難による流出など、**故意であるなしに関わらず起こりうる**ことです。しかし、重要なファイルへアクセスできる人間を制限すれば、その分、流出のリスクを下げることができます。これを**アクセス制限**といい、コンピューター的な対策の基本となります。

　ただし、アクセス制限を行っても、メールの誤送信や添付ファイルのミスといった**人為的ミス**を防ぐことはできません。人為的な流出を防ぐための対策としては、メール送信の前に必ず送信先の確認を行うことや、添付ファイルの確認を行うアラートを出すことなどがあります。

MEMO ユーザー管理を行う
アクセス制限の基本となるのは、ユーザー管理です。これは、第6章のSection 13で説明しています。

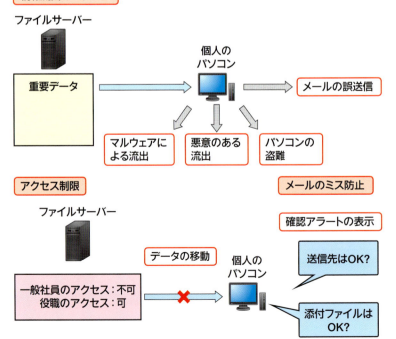

MEMO 悪意のある流出を防ぐ
メールの誤送信のような「悪意のない流出」だけでなく、内部の社員が悪意を持ってデータを盗み、公開や販売してしまう「悪意のある流出」もあります。どちらもアクセス制限やセキュリティポリシーで防ぐ必要があります。

❷ 組織でセキュリティポリシーを策定する

　内部流出の防止には、コンピューター的な対策だけでなく、組織的な対策が必要となります。つまり、セキュリティを維持するためのセキュリティポリシーを策定し、組織全体で運用することが重要です。

　セキュリティポリシーとは、コンピューターを運用するための「規約」や、社員のモラルなどの「セキュリティ教育」など、情報を扱うためのルールのことです。

　このポリシーをベースとして、組織全体のセキュリティを強化し、内部からの流出などを防いでいきます。

セキュリティポリシー

項目	目的	例
情報セキュリティ方針	経営陣がセキュリティの方針を定める	…当社の社会的責任に鑑み、セキュリティを維持し…
情報セキュリティ標準	全社的なセキュリティの原則を定める	コンピューターの利用にはパスワードを必要とする
情報セキュリティ細則・手順書	実際的なセキュリティの運用やルールを定める（サーバー運用規則、ユーザー規則など）	パスワードは8文字以上とし有効期限は1か月とする

情報セキュリティ方針のサンプル

情報セキュリティ方針

1 趣旨
　ネットワークコンピュータを利用した経営環境が、当社に導入されて久しい。その間、当社の扱っている情報が、ネットワークコンピュータ上で扱われることが当然のこととなった。ネットワークコンピュータは、その導入による業務効率の影響は甚だしく、また、経営支援ツールとしても今後も大いに活用していくべきものである。インターネットを利用してビジネスチャンスを拡大している当社にとって、「セキュリティの確保」は必須事項である。昨今の度重なるセキュリティ事件は、当社にとっても「対岸の火事」ではなく、問題を発生させないために、早急に対応しなければならない経営課題である。お客様との関係において、セキュリティ事件が発生した場合の営業機会の損失は甚だしいものになることは想像に難くない。当社は、顧客満足度を向上させるためにも、「セキュア」なブランドイメージを早急に構築しなければならない。

　そのために、当社は、ネットワークコンピュータ上を流通する情報やコンピュータ及びネットワーク等の情報システム（以下、情報資産）を第4の資産と位置付ける。よって、当社は、情報資産を重要な資産とし、保護・管理しなければならない。当社は、情報資産を保護する『情報セキュリティマネジメント』を実施するために、『情報セキュリティポリシー』を策定する。『情報セキュリティポリシー』は、当社の情報資産を、故意や偶然という区別に関係なく、改ざん、破壊、漏洩等から保護するような管理策をまとめた文書である。当社の情報資産を利用する者は、情報セキュリティの重要性を認知し、この『情報セキュリティポリシー』遵守しなければならない。

NPO日本ネットワークセキュリティ協会（http://www.jnsa.org/）
『情報セキュリティポリシー・サンプル0.92a版』より

MEMO セキュリティポリシーの作成順序

セキュリティポリシーは図のように、まず組織全体の「方針」、基本ルールとなる「標準」、そして実際の運用で使用する「細則」「手順書」と順に作成していくことになります。

Keyword ISMS

ISMS（Information Security Management System）は「情報セキュリティマネジメントシステム」と訳される、情報セキュリティを組織で管理するためのしくみのことです。ISOにより標準規格が設けられ、認定制度も作られています。

Hint PDCAサイクルによる改善

計画（Plan）、実行（Do）、監査（Check）、改善（Act）を繰り返すことにより、段階的に管理を改善していく手法のことを、PDCAサイクルといいます。ISMSでは、これを用いてセキュリティポリシーなどの管理を改善していきます。

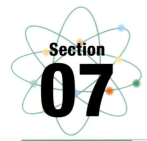

第7章 ネットワークのセキュリティを強化しよう

Section 07 データを暗号化して通信しよう

覚えておきたいキーワード
≫ 鍵データ
≫ HTTPS
≫ IPsec

情報漏洩の対策の1つに、データの暗号化があります。データを暗号化すると正規のユーザー以外は読み取ることができなくなります。会員制Webサイトの閲覧や、パスワードやクレジットカード番号の送信、メールの添付ファイルなどに利用されています。

1 データの暗号化には「鍵データ」を使う

データの暗号化には鍵データが必要で、正しい鍵データを持つコンピューターやユーザーのみが、暗号化されたデータ（暗号文）をもとのデータ（平文）に戻すことができるようになる、というしくみです。

暗号化には、2種類あります。1つが暗号化と暗号化を戻す（復号）ために同一の鍵（共通鍵）を使う共通鍵暗号方式です。もう1つが暗号化と復号でそれぞれ違う鍵（公開鍵と秘密鍵）を使用する公開鍵暗号方式です。

MEMO 代表的な共通鍵暗号

共通鍵暗号としては、DESやAESといった暗号化が使われます。AESは米国標準暗号化方式で、無線LANやHTTPSでの暗号化に使われています。

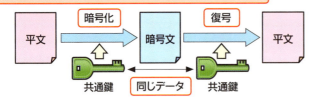

MEMO 代表的な公開鍵暗号

代表的な公開鍵暗号には、大きな数の素因数分解は困難であることを利用したRSA暗号、楕円曲線上の離散対数問題を利用した楕円曲線暗号などがあります。

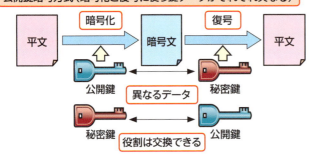

Hint 暗号化ソフトとは

暗号化と復号を行うための暗号化ソフトを使えば、かんたんにファイルやフォルダの暗号化を行えます。これは、暗号化鍵としてパスワードを入力して使用するもので、フリーウェアでも多く公開されています。

② 暗号化を導入するには

　コンピューター間の通信を暗号化する技術として、IPsec があります。IPsec ではトンネリングモードによる VPN の構築が行われますが、それ以外にもトランスポートモードによる暗号化通信が可能です。これを使うことで、たとえば LAN 内のサーバーとのやりとりを暗号化し、セキュリティを高めることができます。

　また、Web サーバーでは HTTPS を導入することで、通信の暗号化と改ざん検出を行うことができます。HTTPS では事前にデジタル証明書の作成または購入が必要となります（Section 08 を参照）。

MEMO VPNについて
VPNの1つにHTTPSを使用したSSL-VPNがあります。SSL-VPNは送信するデータをHTTPSで暗号化することで、VPNを形成します。VPNについては第4章のSection 10で説明しています。

WindowsでのIPsec暗号化

1 IPsecポリシーを作成

```
IPsecポリシー
1. 認証方式…事前共有鍵
   機器の認証に使う、「同一のパスフレーズ（事前共有鍵）」「デジタル証明書」
   などを選ぶ
2. IPアドレス…パソコン・サーバー
   特定の相手のみとIPsec通信を行いたい場合は、そのIPアドレスを指定する
3. アルゴリズム…暗号化・改ざん検出
   暗号化や改ざん検出で使用する暗号化アルゴリズムや、ハッシュアルゴリズムを選ぶ
```

MEMO IPsecポリシー
IPsecポリシーは、「IPsec通信を行う通信」を決定するためのルールです。サーバーが行う通信のうちどの通信をIPsecで暗号化するか、また、暗号化のアルゴリズムやハッシュアルゴリズムは何を使用するかを決定しています。

2 IPsecポリシーを適用

対象の2台の間のIP通信はポリシーに従ったIPsecで暗号化される

HTTPSによる暗号化

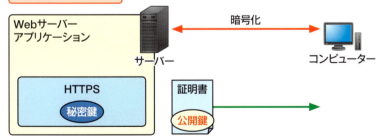

1 HTTPS対応のWebサーバーアプリケーションを導入し、公開鍵暗号方式の秘密鍵と公開鍵を作る。公開鍵はデジタル証明書として発行してもらう

2 サーバーとコンピューター間の通信で使用する共通鍵を生成する。この共通鍵を公開鍵を使用してサーバーに渡すことで、通信を共通鍵を使って暗号化する

MEMO HTTPS
HTTPSは、HTTPをSSL/TLS（第4章のSection 14を参照）を利用して、HTTPでやりとりされる要求や応答を暗号化し、改ざんを検出するためのプロトコルです。Webショッピングや会員制サイトなどで活用されています。

第7章　ネットワークのセキュリティを強化しよう

Section 08 デジタル署名を行おう

覚えておきたいキーワード
≫ ユーザー認証
≫ デジタル証明書
≫ 認証局

コンピューターのデータは、受け渡しの途中で変更されても検出できません。これを**改ざん**と呼びます。また、改ざんの可能性があるため、データの作成者・送信者が本物かどうかも保証できません。これらの問題を解決するのが**デジタル署名**です。

1 デジタル証明書でデジタル署名の正当性を確認する

　データの作成者や送信者を特定することを**ユーザー認証**と呼びます（Section 09を参照）。これを行い、かつデータの改ざんを見つける技術が**デジタル署名**です。デジタル署名は、ハッシュアルゴリズムと公開鍵暗号を利用して「署名データ」を作成し、これをデータに付加します。

　さらにデジタル署名には、署名の正当性を確認するために**デジタル証明書**が必要となります。デジタル証明書は認証局と呼ばれる機関に発行してもらい、証明書を署名とともに使用することで、その署名が本物であることを示します。

 ハッシュアルゴリズム

ハッシュアルゴリズムは、データから一定の長さのデータを生成するアルゴリズムで、生成されたデータはハッシュ値と呼ばれます。ハッシュ値はもとのデータが同じなら同じハッシュ値が、異なるならば異なるハッシュ値が生成されるため、ハッシュ値が違うと、もとのデータが違うことがわかります。

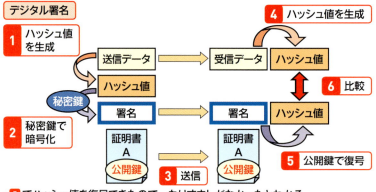

- 5 でハッシュ値を復号できたので、なりすましがなかったとわかる
- 6 で比較したハッシュ値が同じなら、データは改ざんされていない

 認証局

認証局（CA：Certificate Authority）は、公開鍵が確かに本人のものであるという証明を行うための証明書を発行するための機関です。代表的なものとしては、シマンテックやジオトラストが認証局を持っています。

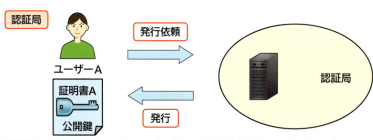

認証局に「公開鍵が本人のものである」という証明書を発行してもらう（これには「名前」と「ユーザーの公開鍵」が入っている）

 デジタル証明で防げる改ざん

改ざんのうち、データの改ざんやメールの改ざんなどはデジタル証明書で防ぐことができます。

❷ 認証局とルート証明書

　一般的には企業などが運営する認証局を利用しますが、自社で認証局を構築することも可能です。ただし、その場合は自社認証局の信頼性が問題となります。

　自社内で自社認証局発行のデジタル証明書を使用する分には問題ありませんが、他社や一般ユーザー向けには、自社の認証局を信用してもらい、ひいては自社認証局発行のデジタル証明書を信用してもらわなければなりません。

　そのためには、自社認証局のルート証明書をあて先に渡す必要があります。これはなりすましや改ざんを防ぐために、手渡しや郵送、インストーラーに含むなどの安全な手法で行います。

　認証局を使用する場合には、この「証明書の発行」と、「ルート証明書の配布」の２つをセットとして実行する必要があります。

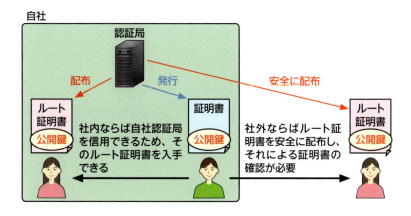

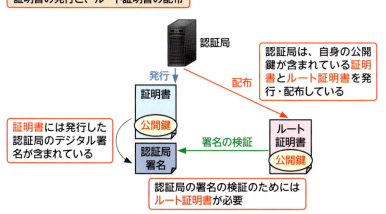

Keyword ルート証明書

ルート証明書は、認証局が自ら発行したデジタル証明書の正当性を検証するために発行する、認証局の公開鍵を入れたデジタル証明書のことです。これがないと、デジタル証明書が正しくその認証局が発行したものか検証できないため、デジタル証明書を受け取る側はこのルート証明書を必要とします。

MEMO デジタル署名の使用例

デジタル署名は、HTTPSやS/MIME、コードサイニングなどで利用されています。HTTPSはHTTP通信、S/MIMEはメール、コードサイニングはアプリケーションプログラムの改ざんの検出、暗号化に使われています。

MEMO PGP

PGP (Pretty Good Privacy) は暗号化と署名を行うためのツールです。メールの暗号化や署名、Webサイトでのダウンロードファイルの署名などに使われています。

第7章 ネットワークのセキュリティを強化しよう

Section 09 ユーザー認証を行おう

覚えておきたいキーワード
» チャレンジアンドレスポンス
» RADIUSサーバー
» ドメインコントローラー

サーバーを利用するユーザーを特定することを<u>ユーザー認証</u>と呼びます。ユーザー認証は、パソコンへのログインやサーバーの利用などさまざまな場面で利用されており、<u>パスワードを使う方法</u>や、<u>デジタル署名を使う方法</u>などがあります。

1 ユーザー認証の認証方式

認証方式の代表的な方法の1つが<u>チャレンジアンドレスポンス方式</u>です。チャレンジアンドレスポンスでは、ユーザーのログイン（認証要求）に対し、サーバー側からランダムな文字列を送信（チャレンジ）し、それとパスワードを含めた形で暗号化し、サーバーにユーザー認証用のデータとして送信（レスポンス）します。

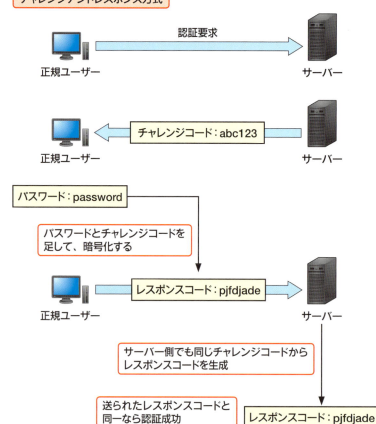

Keyword チャレンジアンドレスポンス

チャレンジアンドレスポンスはCHAP（Challenge-Handshake Authentication Protocol）などで利用されており、CHAPはPPPやMicrosoftのLANの認証で使用されています。

MEMO チャレンジアンドレスポンスの2回目以降

アクセスするたびにサーバーが送信するチャレンジコードが異なるため、ユーザー側が送信しなければならないレスポンスコードも毎回変わります。そのため、1回使用した暗号化パスワードを使用するリプレイ攻撃を防ぐことができます。

MEMO リプレイ攻撃

リプレイ攻撃は、ユーザーがログイン時に送信した「暗号化したパスワード」を、攻撃者が盗聴し、その盗聴した「暗号化したパスワード」をそのまま使用する攻撃です。暗号化したパスワードを復号するのはサーバー側ですが、サーバー側は「ユーザーが暗号化したパスワード」か、「暗号化したものを盗聴して使ったパスワード」か区別がつかないため、ログインできてしまいます。

② ユーザー認証には認証サーバーが必要

ユーザー認証には、認証方式の決定とそれにともなう認証サーバーの構築が必要になります。

認証方式については、左ページで紹介したチャレンジアンドレスポンス方式以外にもいくつかあります。代表的なものでいえば、無線LANなどに使われるIEEE802.1x方式や、WindowsのActive Directoryドメインで使われるKerberos認証などです。

認証サーバーはこれらの方式を使い、さらに、ユーザーを管理するデータベースを持ちます。

なお、複数台の認証が必要なサーバーに対し、1台の認証サーバーで一度認証すればそれ以降の認証を省略できる方式をシングルサインオンと呼びます。

> **Hint 代表的な認証サーバー**
> 代表的な認証サーバーにはIEEE 802.1x方式で使うRADIUSサーバーや、Active Directoryドメインのドメインコントローラーなどがあります。

認証サーバーを運用する

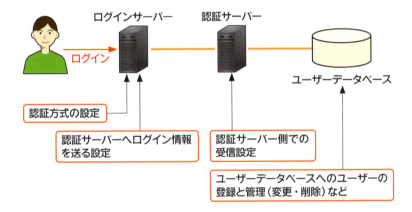

シングルサインオン

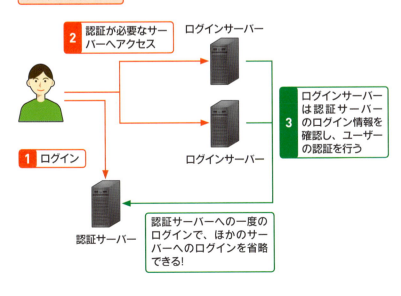

> **Keyword Kerberos認証**
> Kerberos認証は共通鍵暗号化を利用した認証方法で、ユーザー認証、サーバー認証の双方が行え、またシングルサインオンが行える認証方式です。Kerberos認証サーバーは認証で使用する共通鍵を配布するため、鍵配布サーバーとも呼ばれます。

第7章 ネットワークのセキュリティを強化しよう

Section 10 サーバー認証を行おう

覚えておきたいキーワード
» フィッシング
» 中間者攻撃
» サーバー認証

ユーザーがアクセスするサーバーが正しいかどうかを確認することをサーバー認証と呼びます。サーバー認証は、フィッシングや中間者攻撃を防ぐのに有効な手段です。これにより、正しいサーバーであることが証明され、安全な通信ができます。

1 偽サーバーでパスワードを盗みとる中間者攻撃とは

パスワードを盗みとる攻撃として、フィッシングがあります。これは、攻撃者が正規のサーバーに見せかけた偽サーバーを用意して、ユーザーをそこに誘導し、パスワードやユーザー情報を入力させる攻撃です。

これを利用することで、攻撃者は次に利用者になりすまして正規のサーバーにアクセスできます。これを活用することで、ユーザーとサーバーの間に入り、データの盗聴や改ざんなどを自由に行えることができます。これは中間者攻撃と呼ばれます。

MEMO フィッシング

フィッシング（phishing）は、詐欺の手法の1つで、Webサイトや有名企業になりすまし、個人情報を収集します。公式のサーバーへのなりすましにも使われます。

中間者攻撃

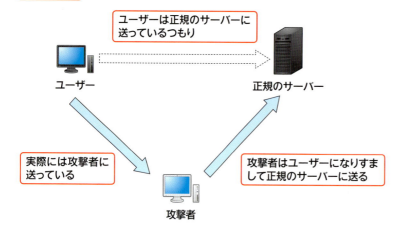

攻撃者はユーザーからのデータや、それに対する応答を盗聴でき、送受信データの改ざんなども可能になる

 MEMO 中間者攻撃

中間者攻撃はMITM（Man In The Middle）攻撃の訳で、バケツリレー攻撃とも呼ばれます。

② サーバー認証はHTTPSで必ず行われる

　左ページで紹介したような攻撃を防ぐ技術が**サーバー認証**です。サーバー認証とは、「サーバーが正規のサーバーである」ことを証明することで、HTTPSでは**必ず行われます**。サーバー認証を利用するには、HTTPを導入するとよいでしょう。

　サーバー認証は、デジタル証明書を利用して行われます。これには2つのポイントがあります。

　1つ目は、デジタル証明書に記載されたURLです。このURLと実際にHTTPSでアクセスしているURLが一致しなければなりません。逆にいえば、HTTPSのサーバーを構築する際に、作成・購入する**デジタル証明書のURLは必ず正しいURLを記述**しなければいけません。

　2つ目は公開鍵です。下の図のように、HTTPSでは公開鍵で暗号化された共通鍵を使用するため、この暗号化を復号できる秘密鍵をサーバーは保持します。つまり、**障害などで秘密鍵がなくなった場合は、デジタル証明書の再発行が必要**となります。

MEMO ルート認証局

サーバー認証で使用するデジタル証明書は認証局が発行しますが、その認証局を保証するのが、ルート認証局です。ここが発行したデジタル証明書、または、ここが保証した認証局が発行したデジタル証明書のみが安全に使用できます。

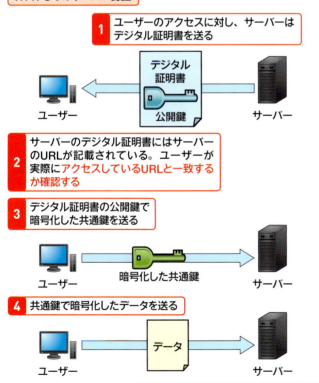

HTTPSでのサーバー認証

Keyword 秘密鍵

秘密鍵とは、公開鍵暗号で公開鍵とペアになる鍵のことです。この鍵が漏えいすると公開鍵暗号による暗号化と署名が無意味になるため、安全に保管する必要があります。

暗号化あれこれ

　第 7 章では、暗号化についていくつか説明しています。共通鍵暗号と公開鍵暗号というキーワードが出てきましたが、ここでは、それについてもうちょっとだけ説明します。

　共通鍵暗号は、イメージしやすい暗号化方式です。「開ける鍵」と「閉める鍵」が同一で、鍵をかけることで中身が読みとれなくなり、「鍵」を盗まれると中身が流出する、という私たちが持つ「鍵」の一般的なイメージそのままです。

　ですが、公開鍵暗号は「開ける鍵」と「閉める鍵」が違う、というピンとこない方式です。ビジネスホテルの「開けるのはカードキー」「閉めるのはオートロック」、コインロッカーの「閉めるのは鍵」「開けるのはコイン」などが近いでしょうか。

　公開鍵暗号による暗号化では、「自分の持っている開ける鍵（秘密鍵）」とセットになった、「閉める鍵（公開鍵）」のほうを公開します。その公開鍵で、自分に対して秘密に送ってほしいデータを暗号化します。つまり、閉める鍵が公開されていても、開ける鍵がなければ暗号化したデータは復号できず、セキュリティは守られるというわけです。

　しかし、「暗号化したデータ」と「暗号化に使った公開鍵」があるのに、「もとの平文」や「秘密鍵」がわからないのはどうして？という疑問もあるかと思います。

　公開鍵暗号にはいくつかの方式がありますが、そのうちもっともメジャーな RSA 暗号化では、「素因数分解の困難性」というのをセキュリティの基礎にしています。素因数分解は中学校の数学の授業でならう、54 ＝ 2 × 3 × 3 × 3、とかいうアレです。この素因数分解ですが、実はかんたんにできる方法が見つかっていないのです。つまり、大きな数の素因数分解を解くためには、大きな時間がかかるのです。

　よって、RSA を破るためには、暗号化に使った公開鍵をもとに素因数分解をすることで、秘密鍵を算出できます。ですが、使われている数が大きな数のため、素因数分解をするにはとんでもない時間がかかってしまいます。よって、安全である、ということになっています。

　また、暗号化の話題でよく出てくるのが「乱数」、つまりランダムな数です。鍵を作る際などに使われている乱数ですが、「ほんとうの乱数（真の乱数）」と「乱数っぽいもの（擬似乱数）」の 2 種類があり、コンピューターでは擬似乱数しか作ることができません。この擬似乱数を作るプログラムを擬似乱数生成器といいますが、これの作りが甘いと同じ数が出てきやすかったり、数の出が偏ったり、パターン化されて出てきたり、ということがあります。

　暗号化や乱数は、コンピューターや IT というよりも数学の分野だったりします。過去の歴史や今の技術の基盤を調べるのもおもしろいでしょう。

ネットワークの広がり

Section 01	ネットワークの広がりとは？
Section 02	クラウドコンピューティングとは？
Section 03	VoIPとは？
Section 04	IPv6とは？
Section 05	仮想化とは？
Section 06	SDN／OpenFlowとは？

第8章 ネットワークの広がり

Section 01 ネットワークの広がりとは?

覚えておきたいキーワード
≫ クラウド
≫ 高速化・大容量化
≫ 仮想化

現在、インターネットは生活になくてはならないものになったといってよいでしょう。今まで使われなかった分野でも使われるようになり、インターネットの基盤を支えるためネットワーク技術もさまざまな分野に拡大し、新たな技術を生み出しています。

1 進むサービスのクラウド化とビッグデータ

インターネットが生活の根幹にかかわるようになり、またスマートフォンなどのモバイル端末が急速に普及しています。このような状況の中、特にモバイル利用を前提として、データ、処理、その他のものをすべてネットワーク上で運用する、サービスのクラウド化が進んでいます。

これ以外にも、多くの人がインターネットを利用するようになったことから、顧客データなど、大量のデータを収集することが可能になりました。これらの大量のデータをビッグデータと呼び、ビッグデータを活用することで新たなビジネスチャンスを生み出すことも行われています。

MEMO クラウドサービスについて
クラウド (Cloud) サービスについては、Section 02で説明しています。

サービスのクラウド化

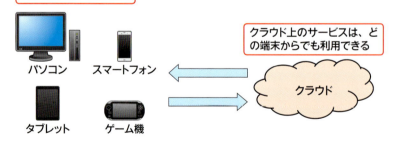

ビッグデータ

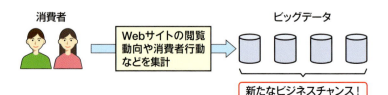

  ビッグデータの活用
ビッグデータは、図の例以外にも、大型ハドロン衝突型加速器のデータやヒトゲノムの解析データなどの科学技術計算、気象データやエネルギー消費動向など、公共のものにも活用されています。

❷ クラウド化などにより必要となる新しい技術

　クラウドなどによりネットワーク経由での作業が増えると、ネットワークにかかる負荷が大きくなります。そのため、これらのサービスを支える技術として、ネットワークの高速化が進んでいます。また、ビッグデータなど大量のデータを抱えることになるため、記憶装置の大容量化・集積化も同様に進んでいます。
　さらには、多くのサーバーを運用するためのサーバー仮想化技術や、それにともなって、ネットワークそのものを仮想化するネットワーク仮想化技術などが急速に普及しつつあります。

> **MEMO 記憶装置の大容量化**
> ビッグデータの活用に伴い、ペタ（peta）バイト級の記憶装置も利用されるようになっています。ペタは、ギガの100万倍、テラの1000倍になります。

回線やインターフェイスの高速化

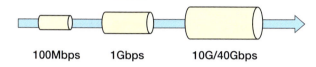

100Mbps　　1Gbps　　10G/40Gbps

記憶装置の大容量化

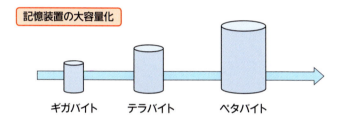

ギガバイト　　テラバイト　　ペタバイト

サーバーやネットワークの仮想化

仮想化技術による運用性の向上

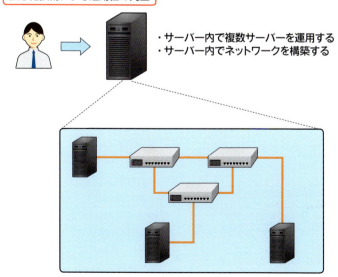

・サーバー内で複数サーバーを運用する
・サーバー内でネットワークを構築する

> **MEMO 仮想化技術について**
> 仮想化技術については、Section 05で説明しています。

第8章 ネットワークの広がり

Section 02 クラウドコンピューティングとは？

覚えておきたいキーワード
≫ クラウドコンピューティング
≫ オンラインストレージ
≫ シンクライアント

クラウド（クラウドコンピューティング）とは、**インターネット上のコンピューターを利用して、さまざまなサービスを実現する技術**です。現在ではモバイル機器の普及にともない、多くのサービスがクラウド化しています。

1 インターネット資源を使うクラウドコンピューティング

　サービスを、インターネット上のコンピューター（サーバーなど）を使って実現すること、またはその利用形態を**クラウドコンピューティング**と呼びます。単に**クラウド**とも呼ばれます。
　クラウドでは、通常ならば自分が所有する機器の資源（CPUやメモリー、ハードディスク、プログラムなど）を利用して行う処理を、**インターネットのサーバー上の資源を利用**して行います。特に、使う側が「どのサーバーを使うか」を意識せず利用できることが、クラウドの大きな特徴です。

> **Hint 代表的なクラウドサービス**
> 代表的なクラウドサービスとして、Gmail、Googleドライブ、GoogleドキュメントやAmazon EC2、Microsoft Azure、AppleのiCloudなどがあります。

従来のコンピューターとその資源

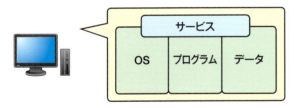

コンピューター（またはLANに接続された別コンピューター）が所有している資源を利用する

クラウドコンピューティング

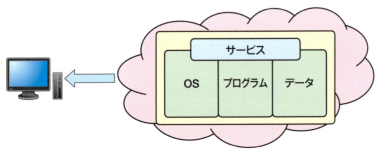

すべてインターネット上のサーバーの資源を利用する

> **Hint 「クラウド」の由来**
> ネットワークエンジニアがネットワークの構成図などを記述するとき、インターネットなど、自分の管理している以外のネットワークを表すのに、多くの場合「雲（クラウド）」が描かれます。クラウドの名称は、そこに由来します。

② クラウドで実現できること

　クラウドで利用されているサービスでもっともメジャーなものは、オンラインストレージでしょう。これは、インターネット上のサーバーにデータを保存できるサービスで、インターネットに接続さえすればパソコンやモバイルなど、機種を問わず利用できます。

　また、メールや、スプレッドシート、カレンダーなどのソフトウェアをパソコンなどにインストールすることなく、Webブラウザーからインターネットにアクセスすることで利用できるサービス（SaaS）もあります。似たものとして、サーバーやサーバー上で動作する業務ソフトウェアをレンタルして自社サービスとして運用できるサービスなどもあります（Paas、Iaas）。

　ほかにも、機器側は表示（ディスプレイ）と入力（キーボードとマウス）、ネットワーク機能という必要最低限の機能だけを持ち、OSやソフトウェアはネットワーク上に配置して使用するシンクライアントなどもクラウドの1つです。

 SaaS

SaaS（Software as a Service）は、サーバー内のアプリケーションのみを提供し、クラウドとして利用することです。Google Appsなど、多くのクラウドがこの形式です。

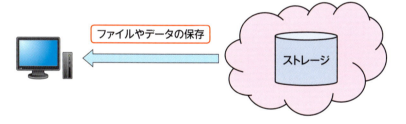

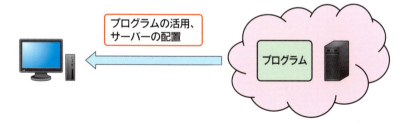

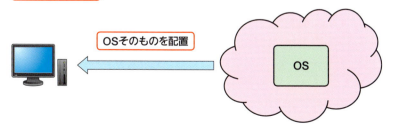

PaaS

PaaS（Platform as a Service）は、アプリケーションサーバーやデータベースサーバーごと提供し、クラウドとして利用することです。Microsoft Azureなどがこの形式です。

 IaaS

IaaS（Infrastructure as a Service）は、サーバーそのものや、記憶装置などのハードウェアなどを提供し、クラウドとして利用することです。Amazon EC2などがこの形式です。

第8章 ネットワークの広がり

Section 03 VoIPとは?

覚えておきたいキーワード
- VoIP
- 符号化
- VoIPゲートウェイ/ゲートキーパー

今日では、電話や動画、あるいはそれらを組み合わせたテレビ会議など、リアルタイムでの利用を前提としたデータがネットワークで使用されています。こうしたデータをネットワークで利用するための技術の1つがVoIPです。

① VoIPは音声をTCP/IPネットワークで送信する

VoIPは、音声をTCP/IPネットワークで送信するための技術の総称です。通常、電話機などで音声を流す処理は、アナログで行われています。これを、デジタルで行う技術がVoIPです。VoIPは、IP電話などに使用されています。

もともとはTCP/IPネットワークのパケット交換方式は、リアルタイム通信に不向きで音声通信などは難しい状態でした。ですが、昨今の通信回線の高速化やSIPなどの新しいプロトコルの登場、機器の処理能力の高度化などがあり、音声の割れやノイズなどを少なくできるようになったことで、VoIPが現実的となった歴史があります。

VoIPでは、アナログの音声をデジタルで扱うために、音声の符号化と音声のIPパケット化を行います。音声の符号化とは、音声をデジタルのデータに変換することです。また、音声のIPパケット化によって、符号化したデータをIPパケットにし、通常のTCP/IPネットワークで送信できるようにします。音声を符号化し、IPパケット化して転送する際にはRTP/RTCPと呼ばれるプロトコルが使用されます。

Keyword RTP／RTCP

RTPはReal Time Protocol、RTCPはReal Time Control Protocolの短縮形です。RTPとRTCPは組み合わせて使われ、RTPがデータ転送を行い、RTCPがその制御を行います。

Keyword IPパケット化

符号化したデータは、RTPによってカプセル化され、さらにそれをIPがカプセル化します。これをIPパケット化といいます。IPデータグラムについては、第4章のSection 07で説明しています。

Hint 音声の符号化の例

VoIP以外に、音楽などで使用されているMP3も音声の符号化の一種です。

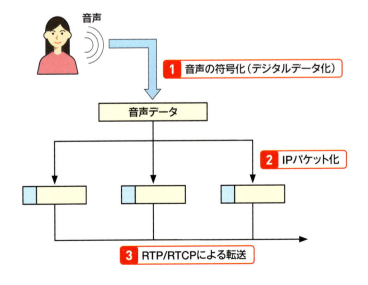

❷ VoIPに必要なもの

　VoIPを使用する上でまず必要になる機器やソフトが、音声を符号化、IPパケット化して送信したり、IPパケットを受け取って音声に戻したりするVoIP対応電話機(IP電話機)とVoIPソフト(ソフトフォン)です。VoIPソフトはパソコンやスマートフォンで利用できます。VoIP対応電話機がない場合は、アナログの電話機を使用しますが、その場合はVoIPゲートウェイと呼ばれる機器を接続する必要があります。

　また、電話の場合は電話番号を使ってあて先を特定しますが、TCP/IPネットワークの場合はIPアドレスであて先を特定します。そのため、電話番号とIPアドレスを対応づける機器が必要となります。この機器はVoIPゲートキーパーと呼ばれます。電話番号とIPアドレスの対応づけや、電話の着信・発信などの制御(呼制御)を行うためのプロトコルとしては、SIPが使用されるため、VoIPゲートキーパーとしてSIPサーバーが使われます。

　つまりVoIPでは、「音声のIPパケット化」「IPパケットの音声化」のVoIPゲートウェイまたは対応電話機・ソフトフォンと、電話を「かける」「受ける」ためのVoIPゲートキーパーが必要となります。

ソフトフォン
コンピューター上で利用できる電話機能を持ったソフトウェアを、ソフトフォンといいます。Skype、LINEなどが代表例です。

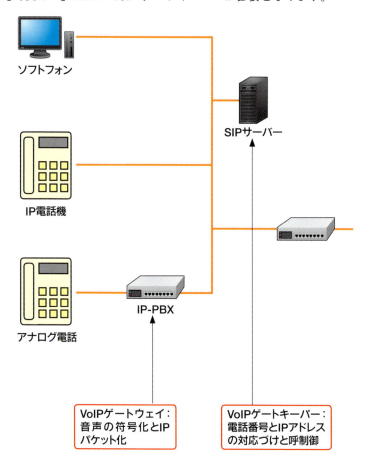

SIP
SIP(Session Initiation Protocol)は、HTTPに似た文字メインの送受信を行うプロトコルです。IP電話で呼制御を行い、電話間の接続を管理します。

第8章 ネットワークの広がり

Section 04 IPv6とは？

覚えておきたいキーワード
- IPv4アドレスの枯渇
- IPv6アドレス
- ヘッダーの簡略化

インターネットで使われているプロトコルの中核といえるのが**IP**です。現在使用されているIPはバージョン4（**IPv4**）ですが、いくつかの問題も抱えています。それらを解決し、新たな技術などに対応するのがバージョン6（**IPv6**）です。

1 IPv6はIPv4アドレスの枯渇を解決する

IPv4の問題点の1つは、**アドレスの数**です。IPv4のアドレス（IPv4アドレス）は32ビットで、約43億個しかありません。インターネットの急速な普及により、以前から不足することが予測されていました（2015年現在、未使用の**IPv4アドレスは事実上枯渇**しています）。

これに対し、IPv6アドレスは**128ビット**あり、利用できる数は32ビットの4乗ですので、43億の4乗という膨大な数になります。これにより、さまざまな機器にもIPアドレスが利用できるようになります。

MEMO IPv4アドレスについて
IPv4アドレスについては、第4章のSection 08を参照してください。

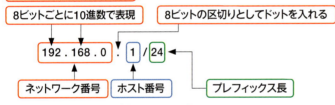

- 前半はネットワークを示す**ネットワーク番号**
- 後半はホストを示す**ホスト番号**
- ネットワーク番号のビット数は、サブネットマスクや**プレフィックス長**で明示

Keyword グローバルルーティングプレフィックス
グローバルルーティングプレフィックスとは、IPv6アドレスの先頭48ビットの部分で、世界の中での管理団体（日本ならばAPNIC）と、アドレスを提供するプロバイダーを示す部分です。

Keyword サブネットID
サブネットIDとは、IPv4アドレスのサブネット番号の役割を果たす部分です。IPv6アドレスでは16ビットあります。

Keyword インターフェイスID
インターフェイスIDとは、IPv4アドレスのホスト番号の役割を果たす部分です。通常はMACアドレス48ビットを、EUI-64という変換を使って64ビットにして使います。

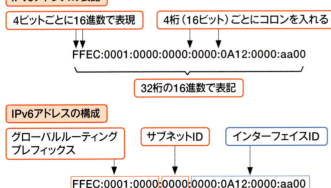

前半64ビットはネットワークを識別する部分、後半64ビットは機器を識別する部分

② IPv6の特徴

　IPv4はインターネットの最初期に作られたため、データグラム内には現在の技術では使わないものや、不足している部分が多くなっている、という問題も抱え込んでいます。その代表として、セキュリティがない（IPsecをオプションとして利用可能）点や、不要な部分が高速化の妨げになっている点が挙げられます。

　IPv6は、それらの問題を解決するものとして、暗号技術を使ってIPパケットを安全に送信するIPsecが標準で利用可能となっています。また、IPヘッダーの不必要な部分をなくし、転送処理を速くできるようにしています。

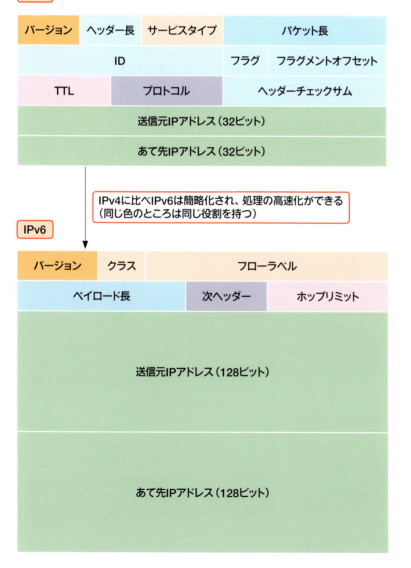

Keyword クラスとフローラベル
クラスはQoS（サービス品質）を管理するため、フローラベルはトラフィックを制御するための項目です。

Keyword 次ヘッダー
IPv6ヘッダーは、その後ろにTCP/UDPヘッダーやIPsecのヘッダーなどの拡張ヘッダーを配置します。次ヘッダーは、その次にくるヘッダーを指定する項目です。

Keyword ホップリミット
ホップリミットは、IPv4ヘッダーのTTLに相当する項目で、経由するルーター数の上限を示します。

第8章　ネットワークの広がり

Section 05 仮想化とは？

覚えておきたいキーワード
≫ サーバー仮想化
≫ ネットワーク仮想化
≫ マイグレーション

ネットワークの拡大により、現在のネットワークは高速、大容量、そして高可用性が求められています。そこで、新たな技術として「仮想化」が多く使われるようになりました。特に、サーバーや回線などを多く収容するデータセンターで利用されています。

1 サーバーを集約し可用性を高める「サーバー仮想化」

仮想化技術のうち、早く実現されたものが、サーバー仮想化です。サーバー仮想化は、1つのコンピューター上に、複数のサーバーOSを配置することをいいます。物理的には1台ですが、実際には仮想化された複数台のサーバーが動作し、これにより、機器や記憶装置を集約できます。また、仮想のサーバーは、データとしてコピーができ、ハードウェアにも依存しないので容易に管理できます。

また反対に、複数台のコンピューターにまたがって1つのサーバーOSが動作する仮想化もあります。これにより、1台のコンピューターが障害で動かなくなっても、OS自体は止まらないという利点があります。

MEMO 代表的なサーバー仮想化ソフト

代表的なサーバー仮想化ソフトには、VMware、XenServer、KVM、Hyper-Vなどがあります。

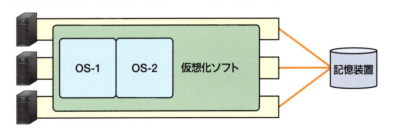

Keyword ハイパーバイザー型仮想化

図の仮想化ソフトはハイパーバイザーと呼ばれ、仮想OSとハードウェアの仲介を行います。WindowsやLinux上にさらに仮想OSを載せるホスト型よりもダイレクトにハードウェアを制御できるため、企業などではこちらの仮想化に人気があります。

② ネットワーク機器を柔軟に運用できる「ネットワーク仮想化」

　サーバーが仮想化されて運用しやすくなりましたが、実際に運用を開始したり、移動（マイグレーション）したりするときには、LANカードやルーターなどを1つ1つサーバーに合わせて個別に設定する必要があり、機器に依存していることに変わりはありませんでした。
　そこで、LANカードや、ルーター、スイッチングハブなどのネットワーク機器も仮想化技術を取り入れ、データを転送する機能と、それを制御する機能を分離し、機器の配置や回線に依存しないネットワークを構築するネットワーク仮想化が行われるようになりました。
　図のように、物理的な配置に依存せずにデータの流れを定義できるため、柔軟なネットワーク構成が可能になります。

MEMO マイグレーション
データやプログラム、OS、ハードウェアを新しいものへと移行や移動をすることを、マイグレーションといいます。OSやハードウェアを仮想化することで、費用や時間などを大きく短縮させることができます。

物理的にサーバー、スイッチが接続されている状態

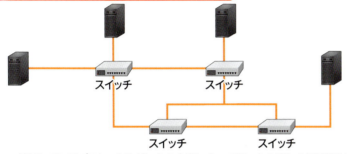

使用しているプロトコルやデータの内容によってデータの流れを切り替える
→例）パケット転送の流れ1、パケット転送の流れ2…

パケットの転送の流れ1（仮想ネットワーク1）

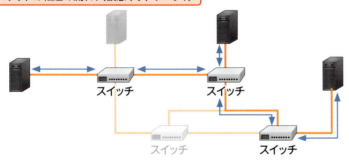

パケットの転送の流れ2（仮想ネットワーク2）

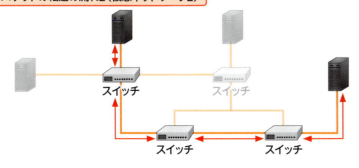

MEMO SDNについて
ネットワーク仮想化はSDN／OpenFlowで実現されています。SDN／OpenFlowについてはSection 06で説明しています。

Section 06

第8章 ネットワークの広がり

SDN／OpenFlowとは？

覚えておきたいキーワード
》データセンター
》SDN
》OpenFlow

サーバー仮想化やネットワーク仮想化のときに、ネットワーク機器を1つ1つ設定していっては、その利点を失うことにもなりかねません。そこで、ネットワーク機器の構成や機能をソフトウェアだけで設定できるようにするSDNが注目を浴びています。

1 SDN／OpenFlowとは

　データセンターのように、サーバーを多く収容し、それぞれの企業に合わせたネットワーク構成を持つ必要がある場所では、企業ごとのネットワーク構成や、サーバーの高可用性を維持する必要があります。しかし、ネットワーク機器をそれに合わせて1つ1つ設定していては時間的に間に合わず、手間もかかります。

　そこで生まれた、ネットワークの構成や機能などをソフトウェアで一括で設定できるようにする、という考え方がSDN（Software Defined Network）です。SDNにより、ネットワークの構成が自動化され、構成の変更にも柔軟に対応できるようになります。SDNを実現するための技術として挙げられるのがOpenFlowです。

SDNコントローラー

SDNの制御を統合して行うソフトウェアのことを、SDNコントローラーといいます。1台または少数のコントローラーから、ネットワーク上の多くのSDNスイッチを一括して制御することができます。

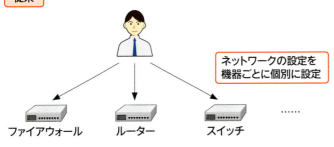

従来：ネットワークの設定を機器ごとに個別に設定（ファイアウォール、ルーター、スイッチ）

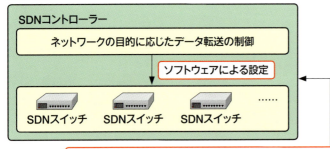

SDN：SDNコントローラー → ネットワークの目的に応じたデータ転送の制御 → ソフトウェアによる設定 → SDNスイッチ

コントローラーとスイッチ間の制御情報の転送の規格がOpenFlow

SDNスイッチ

SDNスイッチは通常のスイッチとは異なり、スイッチ、ルーター、ファイアウォール、負荷分散装置など、さまざまなネットワーク機器の機能を持つスイッチです。SDNコントローラーからの指示により、使用する機能を決めることができます。

② OpenFlowでネットワーク仮想化を実現する

　OpenFlowでは、OpenFlowプロトコルを使用し、コントローラー（SDNコントローラー）からOpenFlow対応のネットワーク機器群に対し、一括で設定を送ることができます。

　OpenFlowは、Section 05で解説したとおり、物理的に機器の配置に依存せず、IPアドレスやポート番号などの条件によって、データの送信先を決定したりアドレスの変更を行ったりすることにより、ネットワークでのデータの流れを制御します。また、従来は「ルーター」「ファイアウォール」「スイッチ」などの機能ごとに機器を配置していましたが、配置するのはすべてOpenFlow機器で、機能は設定により変えることができるので、思い通りのネットワーク構成が可能になります。

Keyword フローテーブル
OpenFlowでは条件に応じてデータの転送を制御します。そのためにイーサヘッダーやIPヘッダーなどの条件と、その処理を記述するものをフローテーブルといいます。

従来のネットワーク

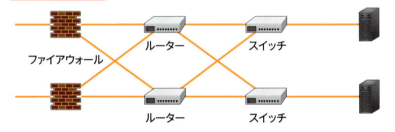

機能ごとにそれぞれの機器を用意する必要がある

OpenFlowネットワーク

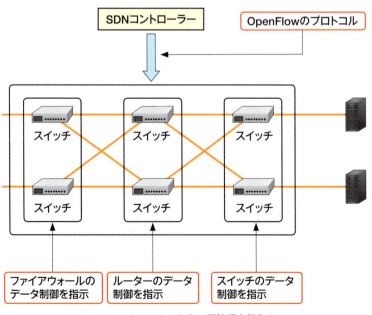

SDNコントローラーから一元管理を行える

Hint その他のSDN技術
SDN技術の代表格はOpenflowです。それ以外には、仮想LAN（VXLANなど）などがあります。

INDEX

数字

24×365	126
3層システム	118

アルファベット

ACK	96
ANSI	72
ARP	38, 44, 87
AS	30, 41, 46
CA（認証局）	101, 168
CIA	154
CSMA/CA方式	59
CSMA/CD方式	59
CSSファイル	36
DDoS	162
DHCPサーバー	120
DMZ	157
DNS	37, 102, 124
DoS攻撃	162
FTPサーバー	116
FTTH	79
HTMLファイル	36
HTTPS	167
IaaS	179
ICMP	87
IEEE	72, 74
IEEE802	74
IEEE802.11	78
IETF	72
IMAP4	103, 115
IP	86
IPsec	93, 167
IPv4	86
IPv6	86, 182
IPアドレス	37, 88, 104
IPアドレスプール	120
ISMS	165
ISO	50, 72
ITU	72
IX	30
JISC	72
Kerberos認証	171
LAN	26, 78
MACアドレス	38, 82, 104
MACアドレスフィルタリング	84
MIME	103
MSS	96
NAS	107
NIC	56
ONU	56
OpenFlow	186
OSI	50
OSI参照モデル	50, 69
OSPF	87
PaaS	179
PDCAサイクル	165
PDU	54
ping	138, 140
POP3	103, 114
PPP	79
PPPoE	79
RADIUSサーバー	122
RFC	72
RJ45コネクタ	75
SaaS	179
Samba	106
SDN	186
SMB	106
SMTP	103
SMTPサーバー	112
SNMP	136
SSL	101
SYN	96
TCP	95, 96
TCP/IP	53
TCP/IPモデル	70
TLS	101
UDP	95, 98
UTPケーブル	75
VoIP	180

INDEX

VPN	28, 92, 167
W3C	72
WAN	28, 79
Webサーバー	35
Webサーバーアプリケーション	34, 45
Webフィルター	123
Webブラウザー	34
Wi-Fi	78
xDSL	74

あ行

アカウント	150
アカウントサーバー	151
アクセス制御	59, 81
アクセス制限	164
アドレスの学習	84
アプリケーションサーバー	118
アプリケーション層	68, 102
アプリケーションプロトコル	68
暗号化	65, 93, 100, 166, 174
イーサネット	39, 57, 78, 80
イーサネットフレーム	81
インシデント	126, 131
インターネット	29, 30, 46
インターネットVPN	92
インターネットワーク	60
インターフェイス	20
インターフェイスID	182
イントラネット	31
ウイルス	158
ウィンドウサイズ	96
エクストラネット	31
エラー回復	62, 97
オープンリレー	113
オペレーティングシステム	34
オンラインストレージ	179

か行

回線	20
回線交換方式	23, 24
鍵データ	166
確認応答	62
確認応答番号	96
カスケード接続	77
仮想化	177, 184
カプセル化	54
可用性	154
完全性	154
管理業務	127
管理日誌	130
キーロガー	158
機器設定	141
機密性	154
脅威	155
共通鍵暗号	174
共通鍵暗号方式	100, 166
切り分け	143, 152
クラウド	176, 178
グローバルルーティングプレフィックス	182
経年劣化	148
経路	41
ゲートウェイ	90
ケーブルテスター	142
権限グループ	150
公開鍵暗号	174
公開鍵暗号方式	100, 166
交換機	23
交換方式	22
互換性	48
コネクション	94
コネクションレス	94, 99
コリジョン	39

さ行

サーバー仮想化	184
サーバー証明書	101
サーバー認証	101, 173
サービス拒否攻撃	162
サブネット	89
サブネットID	182

INDEX

サブネット番号	89
サブネットマスク	89
サポート保守契約	129
シーケンス番号	96
資源	16
辞書攻撃	160
集線装置	76
障害	140, 142
衝突	59, 85
衝突ドメイン	77
自律システム	30, 41, 46
シンクライアント	179
シングルサインオン	151, 171
人件費	128
信号	21, 57
スイッチ	27, 84
スタンダード	49
スタンドアローン	17
スパイウェア	158
スパムメール	113
スプール	108
スリーウェイハンドシェイク	96
ぜい弱性	155
セキュリティ	154
セキュリティパッチ	149, 163
セキュリティホール	149, 159, 163
セキュリティポリシー	165
セグメント	58
世代管理	107, 146
セッション	64
セッションID	65
セッション制御	65
セッション層	64, 100
専用線	29
増分バックアップ	147

た行

第三者中継	113
チャレンジアンドレスポンス方式	170
中間者攻撃	172
中継	112
定型業務	131
データ	15, 19
データ通信	20
データベース	110
データ保護	144
データリンク層	58, 78
デカプセル化	55
デジタル証明書	167, 168
デジタル署名	168
デファクトスタンダード	70
デフォルトゲートウェイ	61
電気通信事業者	28
伝送	21
同期通信	59
盗聴	100
ドキュメント	132
トラフィック量	135
トランスポート層	62, 94
トレーラー	54
トロイの木馬	158
トンネリング	93

な行

内部転送	112
名前解決	102, 124
認証局	101, 168
認証サーバー	122, 171
ネットワーク回線	142
ネットワーク仮想化	185, 187
ネットワーク監視ツール	136
ネットワーク管理者	130
ネットワーク構成図	133
ネットワークサービス	68
ネットワーク層	60, 86
ネットワーク番号	88
ネットワークモデル	49
ノード	14

は行

パケット	25, 37, 54
パケット交換方式	25
パケットフィルター	156
バックアップ	107, 144, 145, 146
パッシブモード	117
パッチ	149, 163
バッファリング	85
ハブ	27, 58, 76
パフォーマンス	134
光ファイバーケーブル	75
ビット	18
非定型業務	131
秘密鍵	166, 173, 174
標準化	50
ファイアウォール	35, 42, 156
ファイルサーバー	106
フィッシング	172
フィルタリング	43
フォワーディング	90
負荷分散	109
符号化	19, 180
物理層	56, 74
フラッディング	76, 83
プリントサーバー	108
ブルートフォース攻撃	160
フルバックアップ	147
プレゼンテーション層	66, 102
プレフィックス長	89
フロー	14
フロー制御	97
ブロードキャスト	82, 99, 120
ブロードバンドルーター	35, 40
プロキシーサーバー	123
プロトコル	52
プロトコルスイート	53
プロバイダー	35, 40, 46
分散DoS	162
ヘッダー	54
ベンダー	48
ベンダーコード	83
ベンダー割り当てコード	83
ポート番号	36, 45, 63, 104
ホスト番号	88
ボット	158
ボトルネック	135

ま行

マイグレーション	185
マルウェア	158
マルチアクセスネットワーク	27
マルチキャスト	82, 99
ミドルウェア	118
ミラーリング	107, 111, 145
文字コード	66
モデム	56

や行

ユーザー管理	150
ユーザー認証	122, 168, 170
ユニキャスト	82

ら行

ランニングコスト	128
リース期限	121
リスク	155
リスト攻撃	160
リソース	16
リプレイ攻撃	170
リレーエージェント	121
リンク	14
リンクランプ	142
ルーター	35, 40, 90
ルーティング	41, 61, 90
ルーティング表	61, 90
ルーティングプロトコル	91
ルート認証局	173
レスポンスタイム	138
レプリケーション	111

著者略歴

網野 衛二
文系大学卒業後、紆余曲折してコンピューター系の専門学校の講師として、ネットワークの構築・管理・授業を行っている。また、Webサイト「Roads to Node」の管理人として、「3分間 Networking」というネットワーク講座を公開しており、その他にも雑誌やWebサイトなどにネットワーク系の連載を行っている。近著に「[改訂新版]自分のペースでゆったり学ぶTCP/IP」や「3分間ネットワーク基礎講座」シリーズ(技術評論社)がある。

お問い合わせについて

本書に関するご質問については、本書に記載されている内容に関するもののみとさせていただきます。本書の内容と関係のないご質問につきましては、一切お答えできませんので、あらかじめご了承ください。また、電話でのご質問は受け付けておりませんので、FAXか書面にて下記までお送りいただくか、弊社ホームページよりお問い合わせください。

〒162-0846
東京都新宿区市谷左内町21-13
株式会社技術評論社　書籍編集部
「今すぐ使えるかんたん　ネットワークのしくみ 超入門」質問係

FAX番号　03-3513-6167
URL　http://gihyo.jp/book/

※ご質問の際に記載いただきました個人情報は、回答後速やかに破棄させていただきます。

今すぐ使えるかんたん　ネットワークのしくみ 超入門

2016年6月1日　初版　第1刷発行

著　者●網野 衛二
発行者●片岡 巌
発行所●株式会社 技術評論社
　　　　東京都新宿区市谷左内町21-13
　　　　電話 03-3513-6150　販売促進部
　　　　　　 03-3513-6160　書籍編集部
装丁●田邉 恵里香
カバーイラスト●イラスト工房(株式会社アット)
本文デザイン／イラスト●リンクアップ
編集●石井 亮輔
DTP●トップスタジオ
製本／印刷●大日本印刷株式会社

定価はカバーに表示してあります。

落丁・乱丁がございましたら、弊社販売促進部までお送りください。交換いたします。
本書の一部または全部を著作権法の定める範囲を超え、無断で複写、複製、転載、テープ化、ファイルに落とすことを禁じます。

©2016　網野 衛二

ISBN978-4-7741-8081-6 C3055
Printed in Japan